BIAD 建筑设计指导丛书

结构施工图常见问题图示解析—钢结构

北京市建筑设计研究院有限公司　编著

中国建筑工业出版社

图书在版编目（CIP）数据

结构施工图常见问题图示解析．钢结构/北京市建筑设计研究院有限公司编著．—北京：中国建筑工业出版社，2020.9（2020.12重印）
（BIAD 建筑设计指导丛书）
ISBN 978-7-112-25424-8

Ⅰ.①结…　Ⅱ.①北…　Ⅲ.①钢结构-建筑制图-识图　Ⅳ.①TU204.21

中国版本图书馆 CIP 数据核字（2020）第 169077 号

本书是以图集的形式解析问题。以近些年 BIAD 结构施工图审查中发现的问题为素材，精简出常见类问题，配以施工图纸的图片，文字说明问题所在并分析原因。图集依照“结构计算”“结构布置”“结构构造”和“设计深度”四个类别进行编制，每个类别以构件分项叙述和解析问题。图集具有针对性和实用性，解析部分深入，且图文并茂。可供结构设计、审图、管理等部门的技术人员参考使用。

责任编辑：赵梦梅　郭　栋
责任校对：张　颖

BIAD 建筑设计指导丛书
结构施工图常见问题图示解析—钢结构
北京市建筑设计研究院有限公司　编著
*
中国建筑工业出版社出版、发行（北京海淀三里河路 9 号）
各地新华书店、建筑书店经销
北京红光制版公司制版
临西县阅读时光印刷有限公司印刷
*
开本：880×1230 毫米　横 1/16　印张：6½　字数：200 千字
2020 年 10 月第一版　2020 年 12 月第二次印刷
定价：**66.00** 元
ISBN 978-7-112-25424-8
（36329）

《结构施工图常见问题图示解析—钢结构》编制成员

编制人 朱忠义 刘明学 祁 跃 于东晖 甄 伟 李志东 周忠发 梁宸宇

沈 莉 杨育臣 韩 巍 卢清刚 张京京 王 毅

审核人 陈彬磊

审定人 齐五辉

前　言

本图集对结构施工图常易出现的不符合现行国家有关规范、规程，或设计不够合理、不够完善的做法，采用图文并茂编排方式，指出问题所在并分析原因，在问题解析部分尽可能深入，对设计人员优化设计、避免发生类似错误、提高设计水平具有较重要意义。

《结构施工图常见问题图示解析—钢结构》依照“结构计算”“结构布置”“结构构造”和“设计深度”四个类别进行编制，每个类别以构件分项叙述和解析问题。

图集的素材均来自实际工程施工图审查记录，图集的成果体系是开放性的，随着收集内容的不断丰富，特别是随着建筑设计水平的发展进步、新标准的推出和新问题的出现，今后再版还将陆续对之进行更新、补充、完善。

鉴于工程的具体情况，解决问题的措施不是唯一的，设计时应根据工程实际情况采取合理的做法，不必拘泥于图集提供的解决措施。图集所示的平面图、详图等均为说明问题的示例，不得作为标准设计套用。

本图集的编排形式直观，内容贴近设计的实际需求，可供结构设计、审图、管理等部门的技术人员参考使用。

欢迎使用者提出意见和建议，以便今后不断修订和完善。

结构总监/总工程师　陈彬磊

2020 年 06 月 20 日

目　录

1 结构计算

地震作用相关荷载组合名称	恒荷载	活荷载	风荷载	双向地震作用E_{xy}及E_{yx}	竖向地震E_z
恒+活+水平地震（恒、活不利，仅计算水平地震）	1.2	0.6		1.3	
恒+活+水平地震（恒、活有利，仅计算水平地震）	1.0	0.5		1.3	
恒+活+风+水平地震（恒、活不利，仅计算水平地震，风荷载控制）	1.2	0.6	0.28	1.3	
恒+活+风+水平地震（恒、活有利，仅计算水平地震，风荷载控制）	1.0	0.5	0.28	1.3	

不全面，未包含竖向地震参与的组合

地震作用相关荷载组合名称	恒荷载	活荷载	风荷载	双向地震作用E_{xy}及E_{yx}	竖向地震E_z
恒+活+水平地震（恒、活不利，仅计算水平地震）	1.2	0.6		1.3	
恒+活+水平地震（恒、活有利，仅计算水平地震）	1.0	0.5		1.3	
恒+活+风+水平地震（恒、活不利，仅计算水平地震，风荷载控制）	1.2	0.6	0.28	1.3	
恒+活+风+水平地震（恒、活有利，仅计算水平地震，风荷载控制）	1.0	0.5	0.28	1.3	
恒+活+竖向地震（恒、活不利，仅计算竖向地震）	1.2	0.6			1.3
恒+活+竖向地震（恒、活有利，仅计算竖向地震）	1.0	0.5			1.3
恒+活+风+竖向地震（恒、活不利，仅计算竖向地震，风荷载控制）	1.2	0.6	0.28		1.3
恒+活+风+竖向地震（恒、活有利，仅计算竖向地震，风荷载控制）	1.0	0.5			1.3
恒+活+水平地震+竖向地震（恒、活不利，水平地震为主）	1.2	0.6		1.3	0.5
恒+活+水平地震+竖向地震（恒、活不利，竖向地震为主）	1.2	0.6		0.5	1.3
恒+活+水平地震+竖向地震（恒、活有利，水平地震为主）	1.0	0.5		1.3	0.5
恒+活+水平地震+竖向地震（恒、活有利，竖向地震为主）	1.0	0.5		0.5	1.3
恒+活+风+水平地震+竖向地震（恒、活不利，水平地震为主，风荷载控制）	1.2	0.6	0.28	1.3	0.5
恒+活+风+水平地震+竖向地震（恒、活有利，水平地震为主，风荷载控制）	1.0	0.5	0.28	1.3	0.5
恒+活+风+水平地震+竖向地震（恒、活不利，竖向地震为主，风荷载控制）	1.2	0.6	0.28	0.5	1.3
恒+活+风+水平地震+竖向地震（恒、活有利，竖向地震为主，风荷载控制）	1.0	0.5	0.28	0.5	1.3

正确，包含竖向地震参与的组合

【问题说明】

大跨空间结构承载力验算未考虑竖向地震为主的荷载组合。

【问题解析】

1. 大跨空间结构，一般竖向地震反应较大，在验算大跨空间结构构件承载力时，应考虑竖向地震相关的荷载组合，特别是竖向地震为主的组合，否则设计偏于不安全。

2. 根据《建筑抗震设计规范》GB 50011—2010（2016 年版）5.1.1 条、5.3 条和 5.4.1 条，对需考虑竖向地震的大跨结构和大悬挑结构的范围，以及地震作用分项系数进行了规定。

3. 当采用竖向振型分解反应谱法计算时，其竖向地震的影响系数取《建筑抗震设计规范》GB 50011—2010（2016 年版）中规定的水平影响系数的 65%，特征周期按照实际场地类别及设计地震分组确定。

4. 当采用时程分析法时，水平两方向（X 或 Y）与竖向地震作用的比值，应为 0.85（X 或 Y）：0.65：1.0（竖向）。

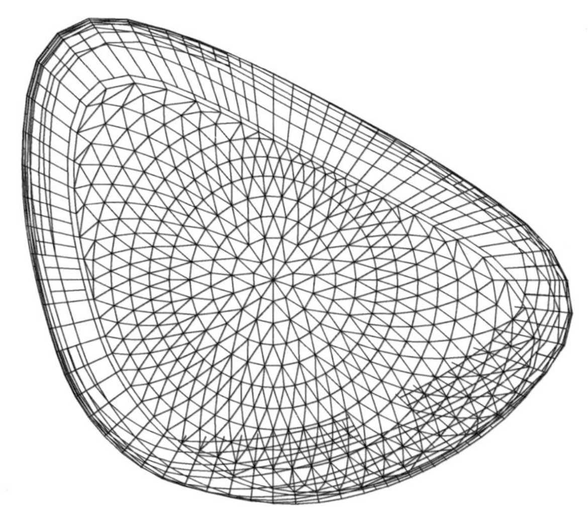

温度作用：
50年重现期月平均最低气温按7℃，月平均最高气温35℃
暂定钢结构合拢温度为20±5℃
使用阶段温度荷载：钢结构升温荷载为20℃，降温荷载为–18℃

不全面，未包含施工阶段温度作用

温度作用：
50年重现期月平均最低气温按7℃，月平均最高气温35℃
暂定钢结构合拢温度为20±5℃
使用阶段温度荷载：钢结构升温荷载为20℃，降温荷载为–18℃
施工阶段温度荷载：钢结构升温荷载考虑50℃

正确，包含施工阶段温度作用

【问题说明】

图示屋盖跨度为80m，建筑位于南方地区，夏季温度较高。由于工程在夏季施工，而设计时未考虑施工阶段温度作用，结构在施工阶段偏于不安全。

【问题解析】

1. 大跨钢结构在结构安装完成后、屋面板尚未安装时，在阳光照射下钢构件表面温度可能会上升到60～70℃，应考虑此情况下的温度作用对结构的影响。

2. 该案例中钢结构合拢温度为15～25℃，根据《建筑结构荷载规范》GB 50009—2012第9.3.1条规定：升温荷载为35－15＝20℃，降温荷载为25－7＝18℃。在阳光下钢结构表面温度设定为65℃（实际工程中阳光下钢结构表面温度具体取值应根据当地气象条件确定），则施工阶段的升温荷载为65－15＝50℃，施工升温荷载仅和部分恒荷载组合（包含檩条的钢结构自重部分），并且不考虑荷载分项系数。

结构类型	
钢结构	
问题分类	
结构计算. 参数	
页码	
1.1-2	

北京市建筑设计研究院有限公司
BEIJING INSTITUTE OF ARCHITECTURAL DESIGN

钢材牌号		钢材厚度或直径（mm）	强度设计值			屈服强度 f_y	抗拉强度 f_u
			抗拉、抗压和抗弯 f	抗剪 f_v	端面承压（刨平顶紧）f_{ce}		
碳素结构钢	Q235	≤100	215	125	320	235	370
低合金高强度结构钢	Q355	≤100	305	175	400	355	470
	Q390	≤100	345	200	415	390	490
	Q420	≤100	375	215	440	420	520
	Q460	≤100	410	235	470	460	550

错误，未考虑板厚对强度的影响

钢材牌号		钢材厚度或直径（mm）	强度设计值			屈服强度 f_y	抗拉强度 f_u
			抗拉、抗压和抗弯 f	抗剪 f_v	端面承压（刨平顶紧）f_{ce}		
碳素结构钢	Q235	≤16	215	125	320	235	370
		>16，≤40	205	120		225	
		>40，≤100	200	115		215	
低合金高强度结构钢	Q355	≤16	305	175	400	355	470
		>16，≤40	295	170		345	
		>40，≤63	290	165		335	
		>63，≤80	280	160		325	
		>80，≤100	270	155		315	
	Q390	≤16	345	200	415	390	490
		>16，≤40	330	190		380	
		>40，≤63	310	180		360	
		>63，≤100	295	170		340	
	Q420	≤16	375	215	440	420	520
		>16，≤40	355	205		410	
		>40，≤63	320	185		390	
		>63，≤100	305	175		370	
	Q460	≤16	410	235	470	460	550
		>16，≤40	390	225		450	
		>40，≤63	355	205		430	
		>63，≤100	340	195		410	

正确，已考虑板厚对强度的影响

【问题说明】

图中上表为设计结构总说明的钢材强度取值表格，未根据钢材厚度对强度加以区分，板材较厚的钢构件设计偏于不安全。

【问题解析】

结构用钢板，由于轧制次数和压力的原因，厚度越大钢材材质越不均匀，容易存在缺陷。所以《钢结构设计标准》GB 50017—2017 规定，不同厚度钢板的强度设计值，除端面承压强度的设计值不减，其抗拉、抗压、抗弯、抗剪强度随厚度增加而降低，详见图示下表格规范的规定，设计人员应特别关注计算程序中有关强度参数的选择，否则较厚的钢构件设计偏于不安全。

结构类型	
钢结构	
问题分类	
结构计算. 参数	
页码	
1. 1-3	

北京市建筑设计研究院有限公司
BEIJING INSTITUTE OF ARCHITECTURAL DESIGN

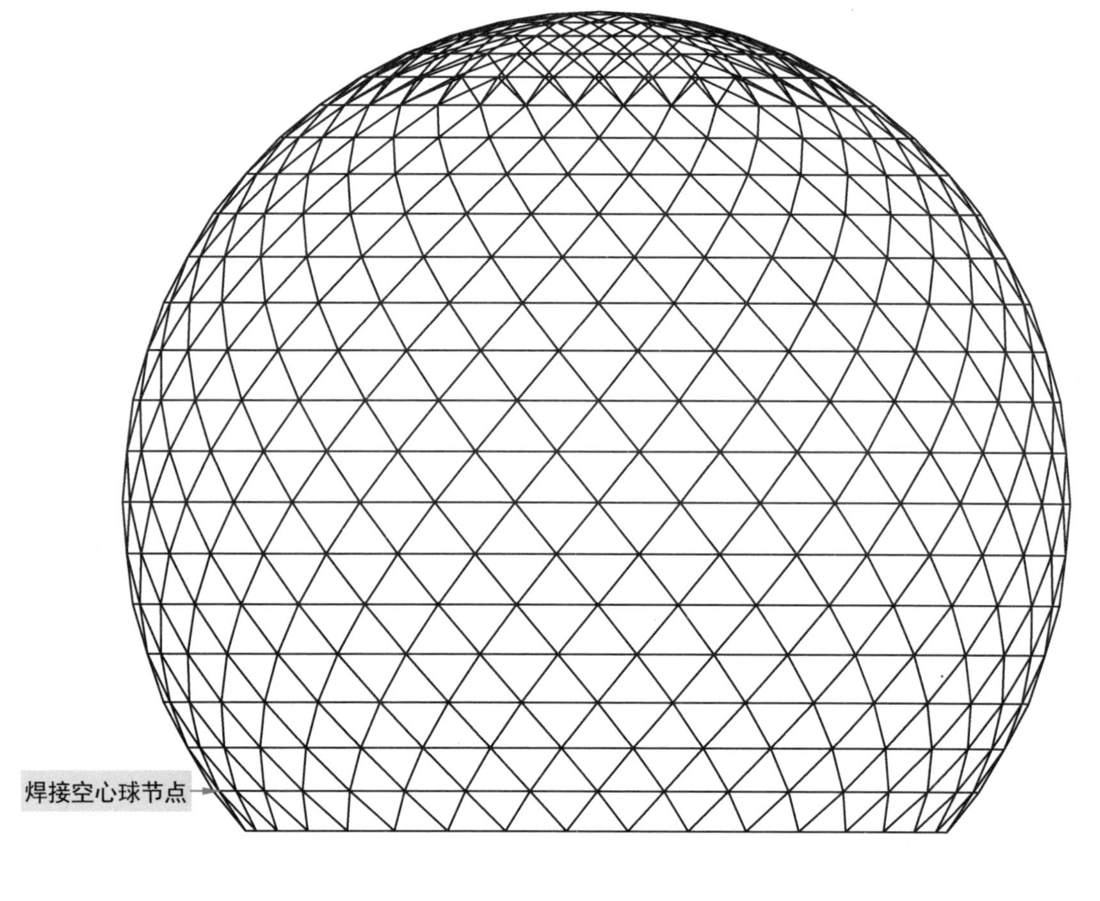

设计参数：

自由长度 L_y=3.1， L_z=3.1， L_b=3.1

计算长度系数 K_y=1.00， K_z=1.00 ← 错误参数

正确参数：

单层网壳	杆件形式	节点形式		
		焊接空心球	毂节点	相贯节点
单层网壳	壳体曲面外 K_y	1.6L	1.6L	1.6L
	壳体曲面内 K_z	0.9L	1.0L	0.9L

【问题说明】

单层网壳杆件在壳体曲面内、外计算长度系数取值均有误。

【问题解析】

根据《空间网格结构技术规程》JGJ 7—2010 第 5.1.2 条及条文说明，单层网壳在壳体曲面内、外的屈曲模态不同，因此其杆件在壳体曲面内、外的计算长度不同。

在壳体曲面内，壳体屈曲模态类似于无侧移的平面刚架。杆件的计算长度主要取决于节点对杆件的约束作用，考虑焊接空心球节点与相贯节点对杆件的约束作用，杆件面内计算长度可取 0.9L(毂节点在壳体曲面内对杆件的约束作用小，杆件的计算长度应取几何长度即 1.0L)。

在壳体曲面外，壳体有整体屈曲和局部屈曲两种屈曲模态，在规定杆件计算长度时，仅考虑了局部屈曲一种屈曲模态。由于网壳环向杆件的拉、压受力状态难以确定，在考虑压杆计算长度时，不考虑直接相连环向杆件的支承作用，仅考虑压杆远端的环向杆件给予的弹性转动约束，故单层网壳平面外计算长度取为 1.6L。

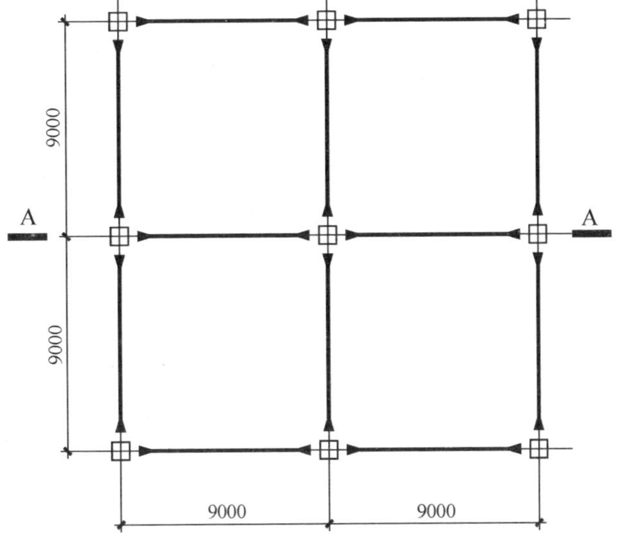

【问题说明】

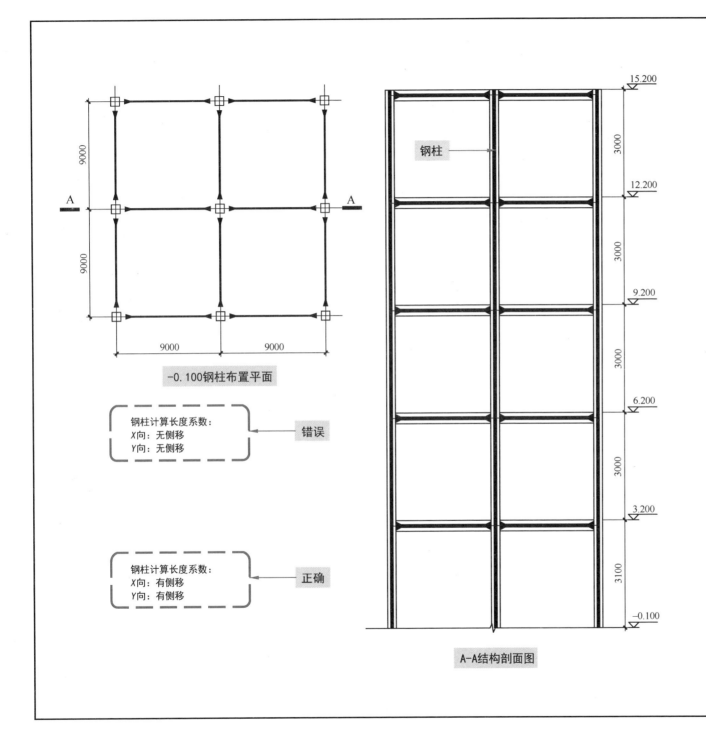

计算钢框架结构的框架柱长细比时，在计算软件 PKPM 的“分析和设计参数补充定义”—“设计信息”—“钢柱计算长度系数”位置勾选了“无侧移”项。因为图示结构为无支撑钢框架，所以勾选“无侧移”选项，框架柱计算长度偏于不安全。

【问题解析】

对于无侧移框架，柱子最大计算长度系数为 1.0，而对于有侧移框架，柱子计算长度系数均大于 1.0，所以如果将有侧移框架按无侧移框架考虑，将导致计算长度取值错误且偏于不安全。

规范中对按无侧移计算条件的规定，详见《钢结构设计标准》GB 50017—2017 第 8.3 条、《高层民用建筑钢结构技术规程》JGJ 99—2015 第 7.3.2 条。

-0.100钢柱布置平面

钢柱计算长度系数：
X向：无侧移
Y向：无侧移
← 错误

钢柱计算长度系数：
X向：有侧移
Y向：有侧移
← 正确

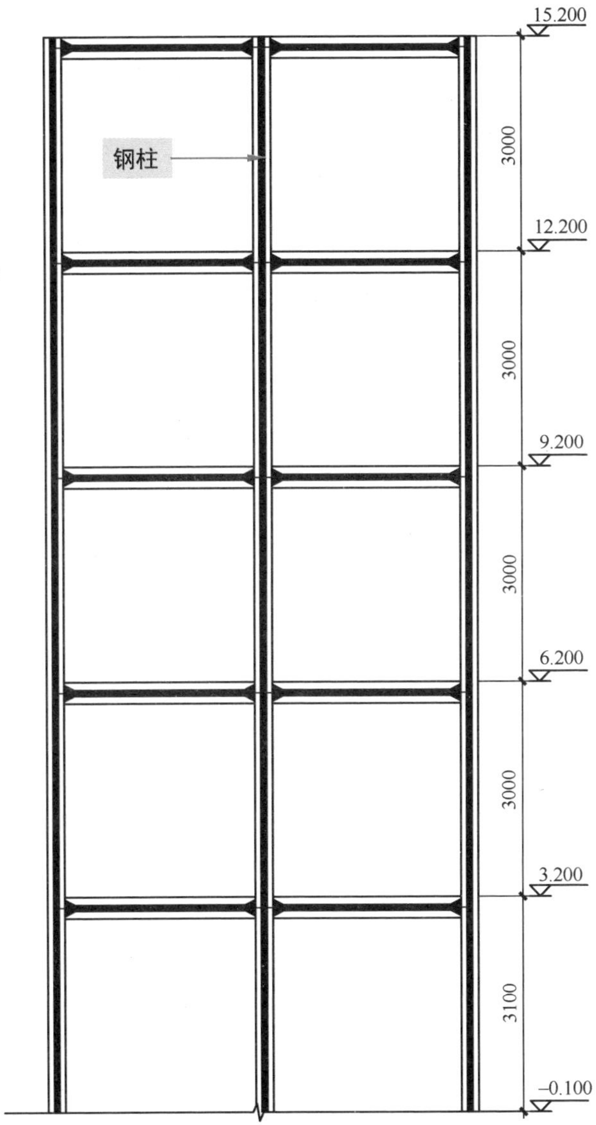

A-A结构剖面图

钢柱

结构类型	钢结构
问题分类	结构计算. 参数
页码	1.1-5

北京市建筑设计研究院有限公司
BEIJING INSTITUTE OF ARCHITECTURAL DESIGN

结构计算 结构布置 结构构造 设计深度

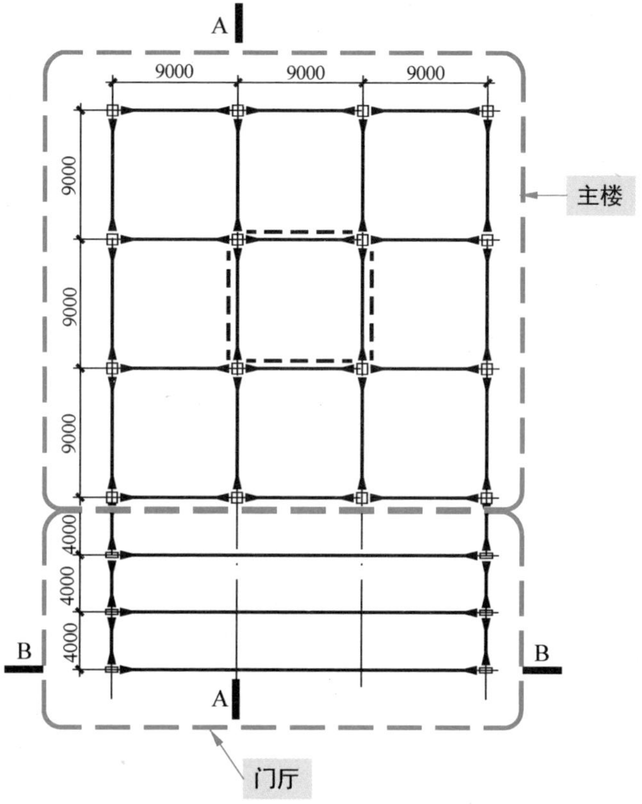

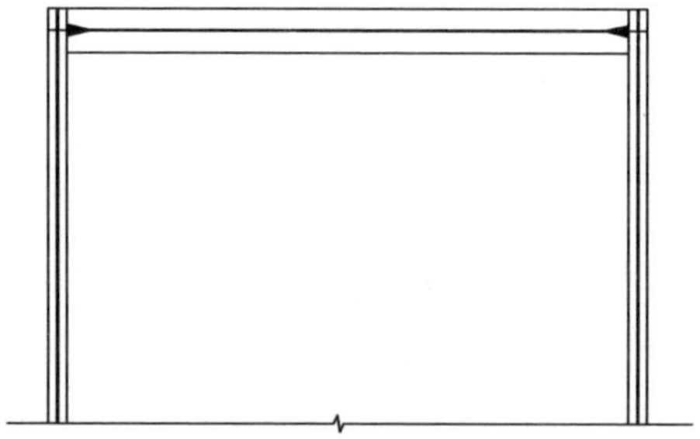

结构计算

结构布置

结构构造

设计深度

B-B结构剖面图

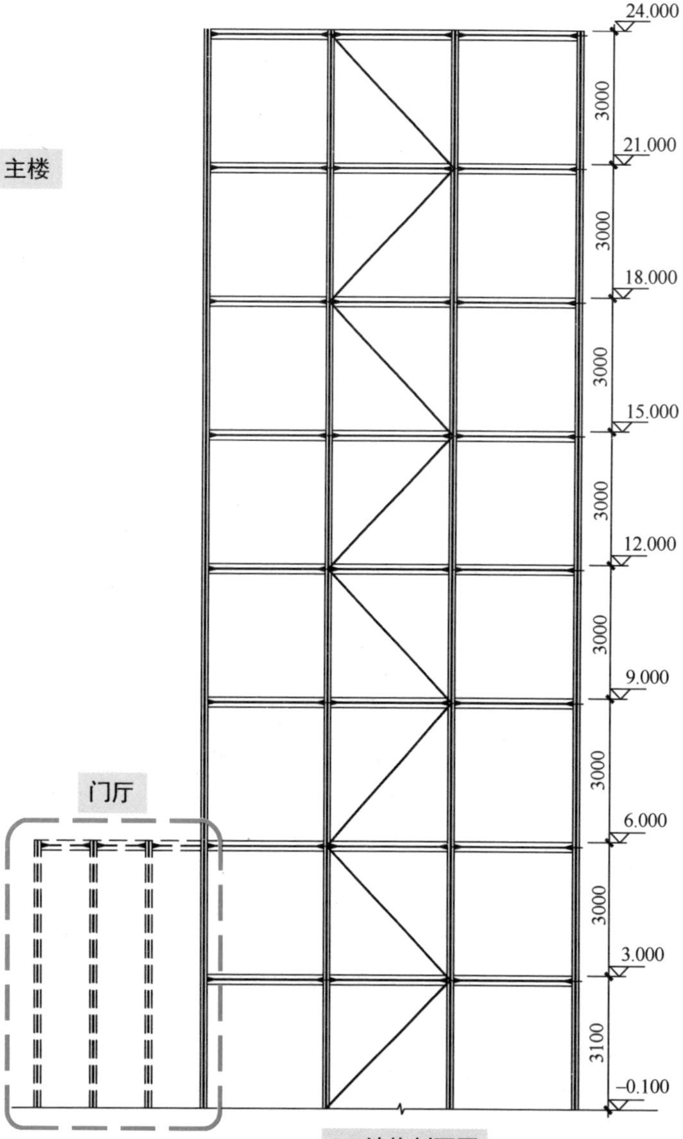

A-A结构剖面图

【问题说明】

门厅采用玻璃或其他轻型屋面，屋面面内刚度较小，主楼对门厅钢柱的侧向约束作用不大，对于B-B剖面方向应按有侧移框架对门厅钢柱进行稳定验算。

【问题解析】

应合理选取柱的计算长度，以确保稳定验算的正确性，影响计算长度的因素主要有：是否有侧移，柱上下端梁柱刚度比。

门厅钢柱屋顶为玻璃屋顶，屋顶平面内水平刚度较小，不能协调门厅钢柱与主楼之间的水平变形，因此需单独复核门厅钢柱平面内(B-B剖面)计算长度系数。对于A-A剖面，门厅钢柱按无侧移框架计算。

结构类型	
钢结构	
问题分类	
结构计算. 柱	
页码	
1. 2-1	

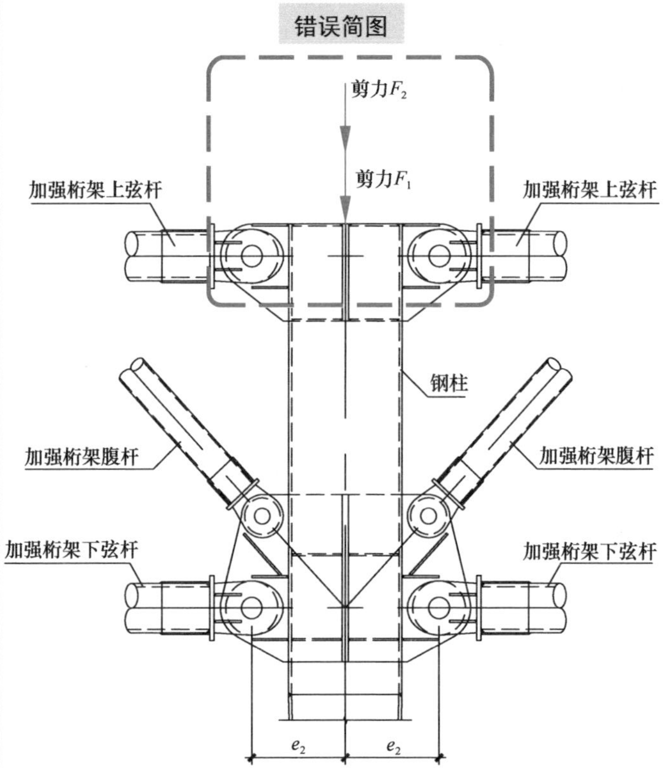

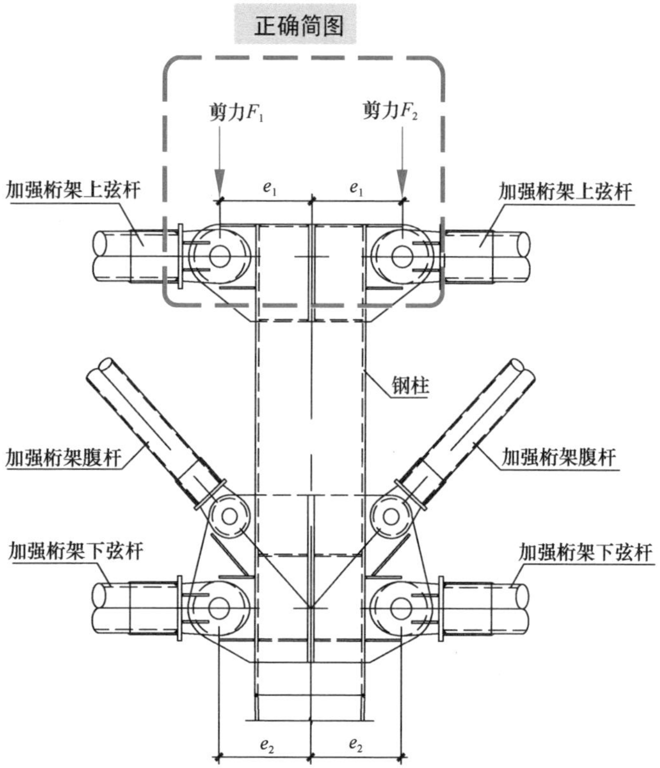

错误简图

剪力F_2

剪力F_1

加强桁架上弦杆　加强桁架上弦杆

钢柱

加强桁架腹杆　加强桁架腹杆

加强桁架下弦杆　加强桁架下弦杆

e_2　e_2

正确简图

剪力F_1　剪力F_2

e_1　e_1

加强桁架上弦杆　加强桁架上弦杆

钢柱

加强桁架腹杆　加强桁架腹杆

加强桁架下弦杆　加强桁架下弦杆

e_2　e_2

【问题说明】

图示左图 F_1、F_2 分别为钢柱两侧桁架上弦杆传至钢柱的剪力，F_1、F_2 作用位置与实际受力不符，偏于不安全。

【问题解析】

与桁架上下弦杆连接的销轴的位置与柱存在偏心，弦杆所承受的竖向剪力相对连接耳板根部和柱子中心均产生偏心弯矩，应考虑偏心弯矩对节点做法和柱的影响，图示右图为 F_1、F_2 正确的作用位置。

结构类型
钢结构
问题分类
结构计算. 柱
页码
1.2-2

北京市建筑设计研究院有限公司
BEIJING INSTITUTE OF ARCHITECTURAL DESIGN

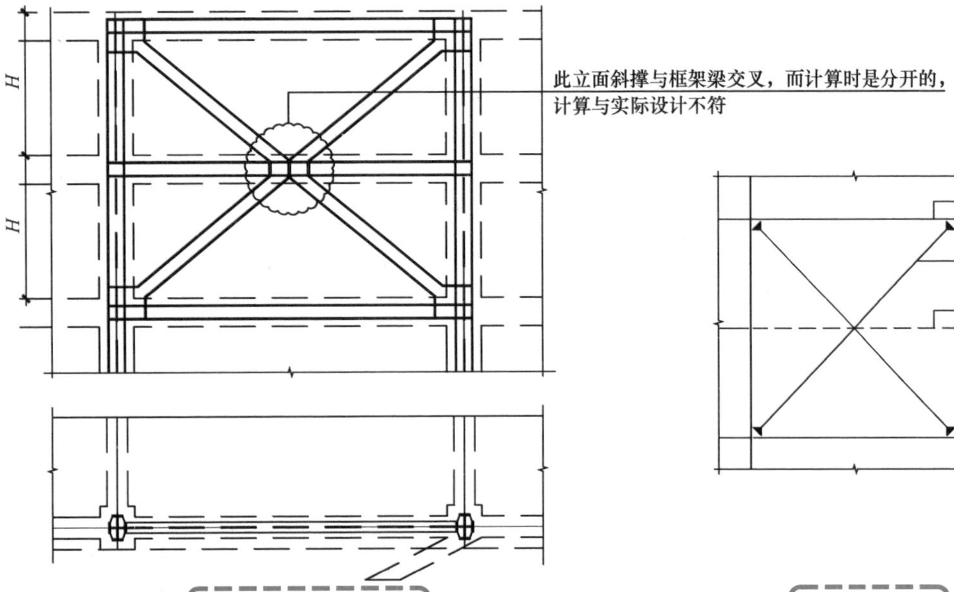

此立面斜撑与框架梁交叉，而计算时是分开的，计算与实际设计不符

框架梁
钢斜撑
计算中不与斜撑交叉考虑
框架柱

实际结构布置

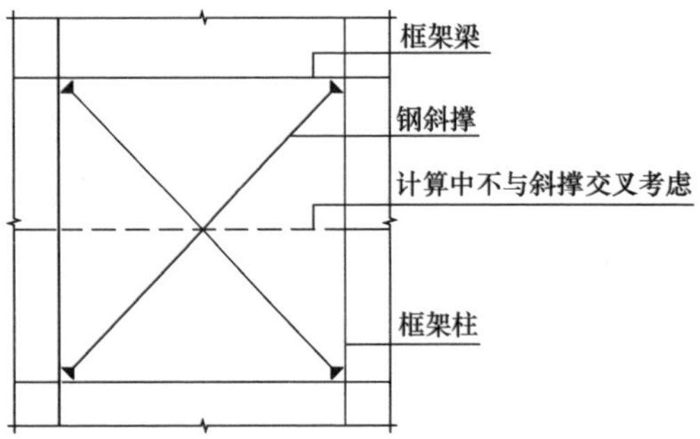

计算简图

实例1——立面斜撑与框架梁交叉

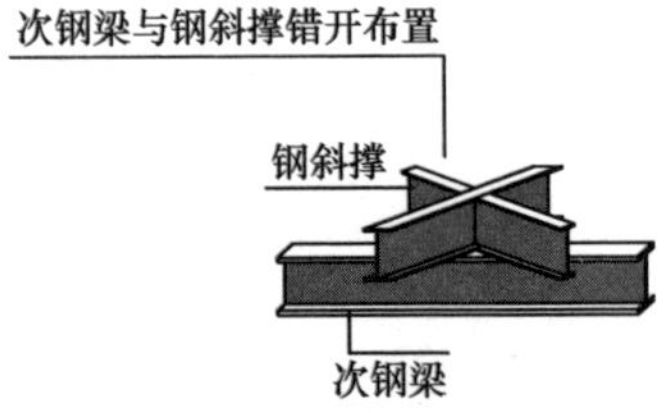

次钢梁与钢斜撑错开布置
钢斜撑
次钢梁

计算中多杆件交汇在一起与实际情况不一样

钢斜撑
次钢梁
主钢梁

实际结构布置

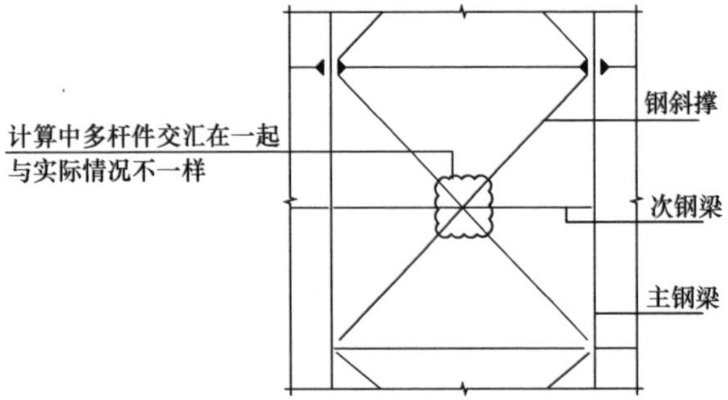

计算简图

实例2——平面斜撑与次梁交叉

【问题说明】

实例 1 施工图中立面斜撑与框架梁交叉连接，计算模型遗漏与斜撑交叉点的框架梁；实例 2 施工图中平面斜撑与次钢梁分离布置，计算模型按连接为一体考虑，实例 1 与实例 2 计算假定与实际受力均不符。

【问题解析】

实例 1 及实例 2 中，计算假定与实际构件布置不符，实际构件的内力分布及大小缺乏设计依据。设计中应保证计算模型与布置一致，当连接关系复杂时，可采用不同模型分析，进行包络设计。

结构类型
钢结构
问题分类
结构计算. 支撑
页码
1. 3-1

北京市建筑设计研究院有限公司
BEIJING INSTITUTE OF ARCHITECTURAL DESIGN

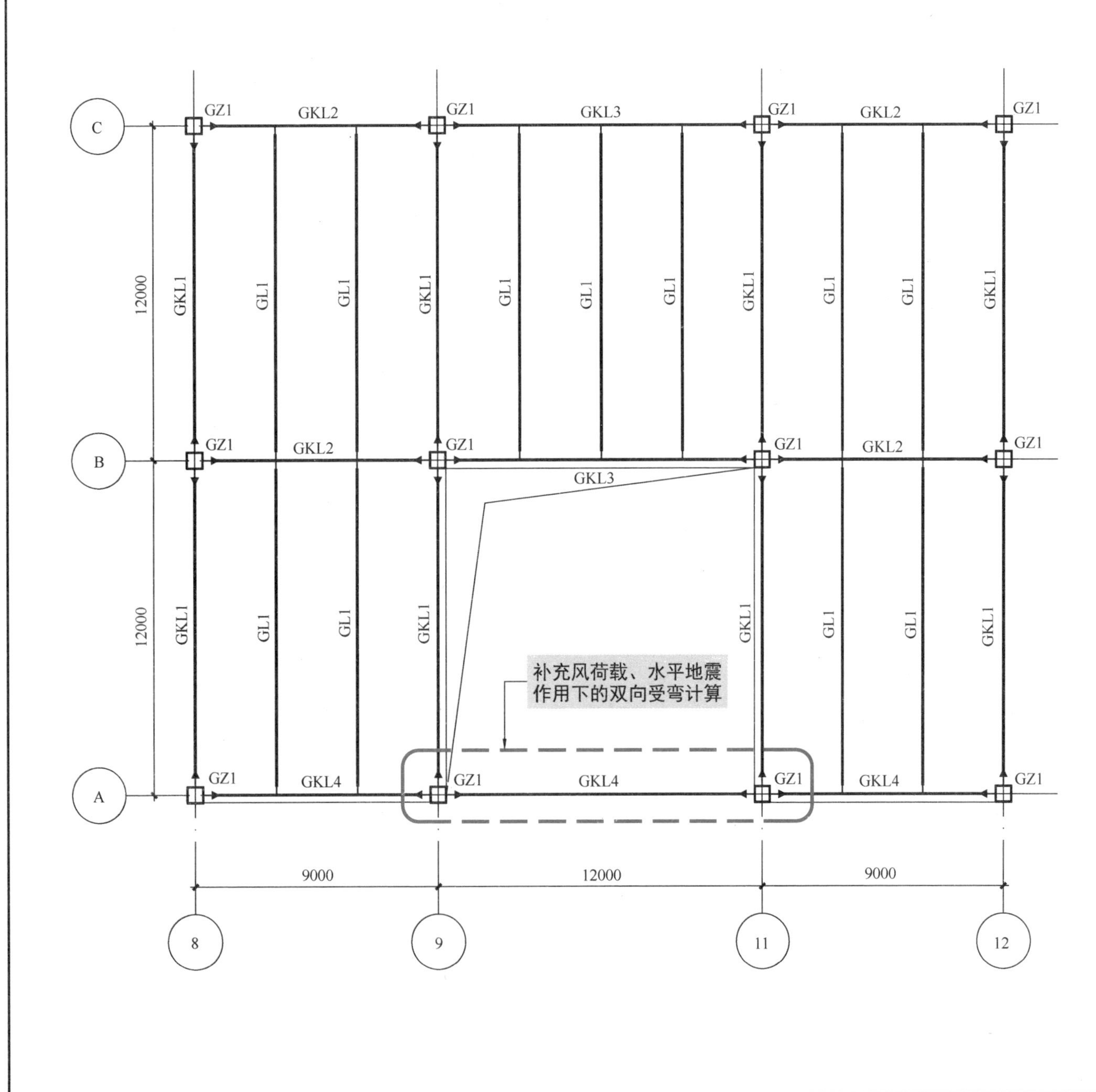

【问题说明】

中庭边梁GKL4仅考虑了幕墙竖向荷载、竖向地震作用影响，未考虑承受水平风载和水平地震作用，偏于不安全。

【问题解析】

GKL4钢框架边梁除承担竖向重力荷载、竖向地震作用外，还要同时承担幕墙结构传递的水平风荷载和水平地震作用。目前常用结构分析软件，风荷载、水平地震作用等水平荷载是导算为节点荷载计入整体计算的，须按双向受弯构件复核构件强度和变形，并注意根据构件受力特性合理确定构件截面形式和放置方向。

结构类型	
钢结构	
问题分类	
结构计算. 梁	
页码	
1.4-1	

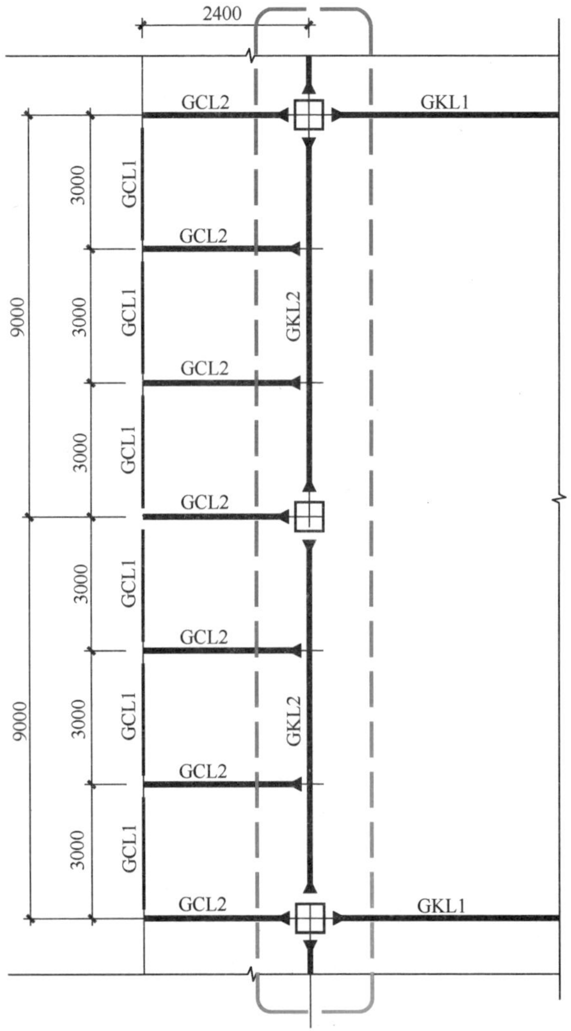

原结构布置

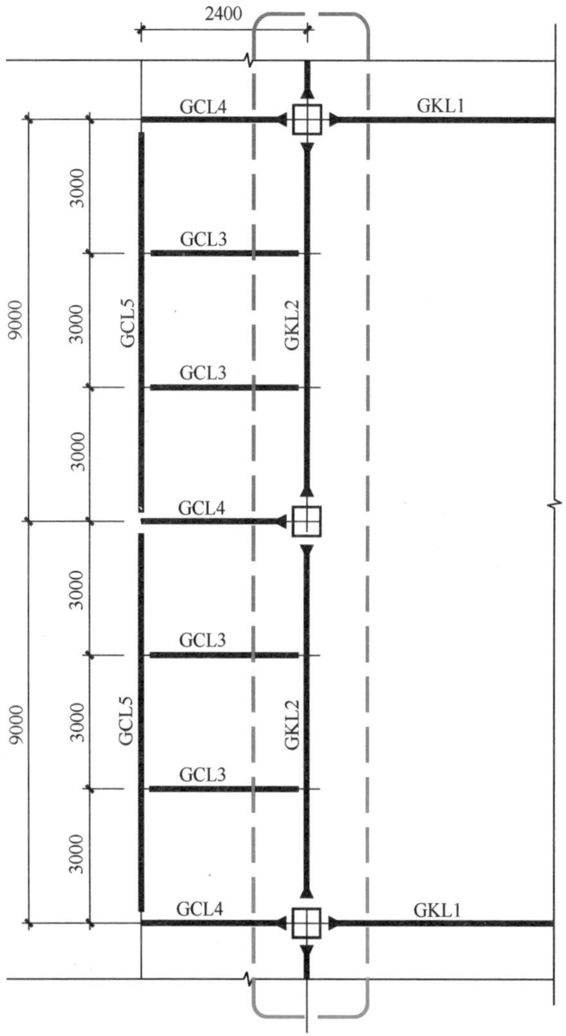

建议结构布置

注：建议首先采用优化结构布置的方式，避免钢梁受扭

【问题说明】

框架梁 GKL2 上悬挑钢梁 GCL2，GKL2 承受较大扭矩，设计采用工字形截面导致抗扭承载力不足。

【问题解析】

工字形截面抗扭承载力低，《钢结构设计标准》GB 50017—2017 未给出受扭承载力的设计方法；因此，应尽量避免钢梁受扭，如确实无法避免时，应采用具有较大受扭承载力的闭口形构件，如箱形截面，计算可参考美国 AISC360—10 的 H3 节进行验算。

结构类型	钢结构
问题分类	结构计算. 梁
页码	1. 4-2

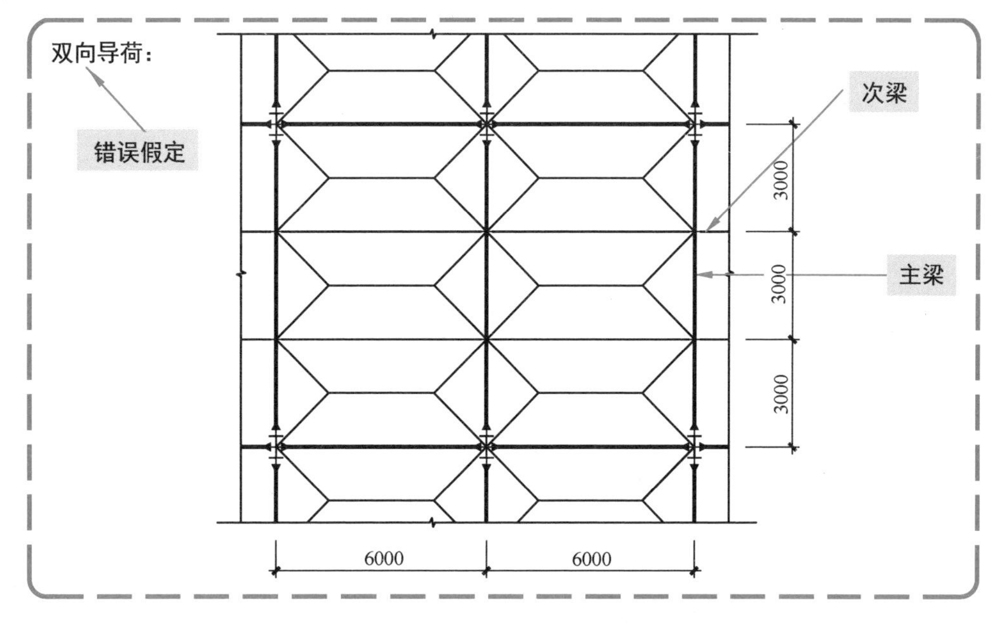

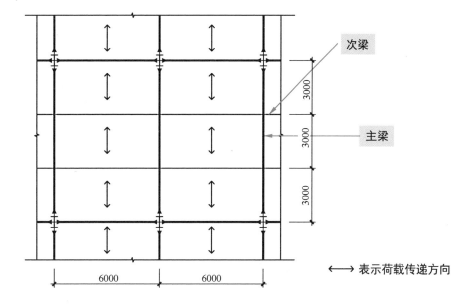

单向导荷：

次梁

主梁

3000

3000

3000

6000　6000

⟷ 表示荷载传递方向

【问题说明】

图示钢梁上布置单向受力压型钢板，计算模型假定为双向导荷与实际受力不符，支撑压型钢板的钢梁偏于不安全。

【问题解析】

对于压型钢板组合楼板，主要沿沟肋方向传递荷载，板底受力钢筋沿沟肋方向布置，因此只能按单向导荷，不能按双向导荷。

应依照板的实际传力方向在软件的“导荷方式”中逐一对板块进行修改。否则软件按默认双向板传力方式，支撑压型钢板的钢梁承受荷载较实际偏小。

结构类型	
钢结构	
问题分类	
结构计算.梁	
页码	
1.4-3	

BIAD 结构施工图常见问题解析

北京市建筑设计研究院有限公司
BEIJING INSTITUTE OF ARCHITECTURAL DESIGN

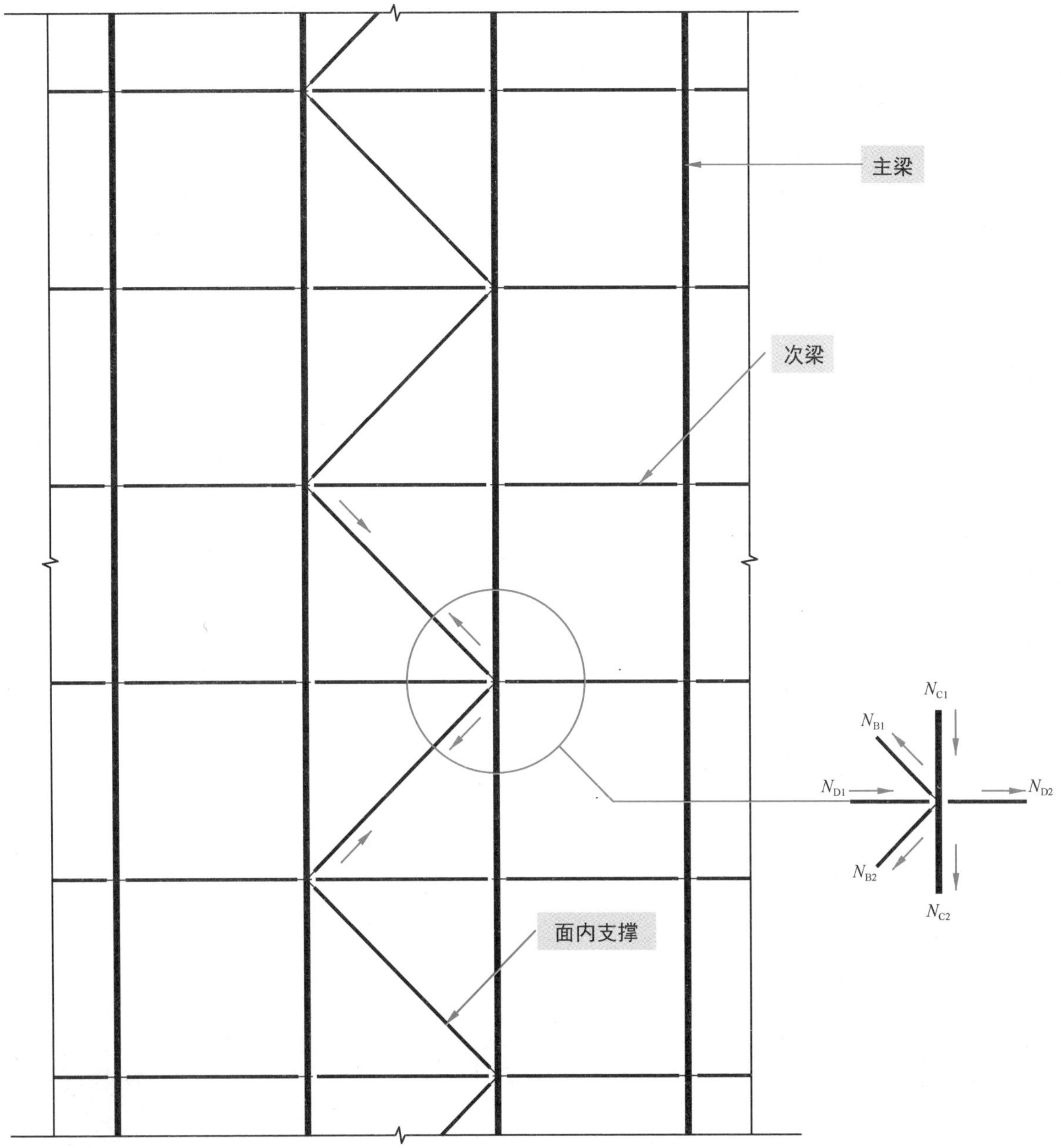

【问题说明】

图示为局部钢结构屋面布置平面，于钢结构水平构件上皮铺设钢构轻型复合板。按刚性屋面板假定计算结构，水平构件偏于不安全。

【问题解析】

轻型屋面板不仅自身刚度和强度较差，且与水平钢构件连接整体性较弱，故水平钢构件设计时不宜考虑屋面板刚度影响。

在水平荷载作用下，与支撑相连的楼层梁需要承担较大的轴力，如果模型中楼板设置为刚性，则无法算出梁的轴力，偏于不安全。

结构类型	
钢结构	
问题分类	
结构计算. 梁	
页码	
1.4-4	

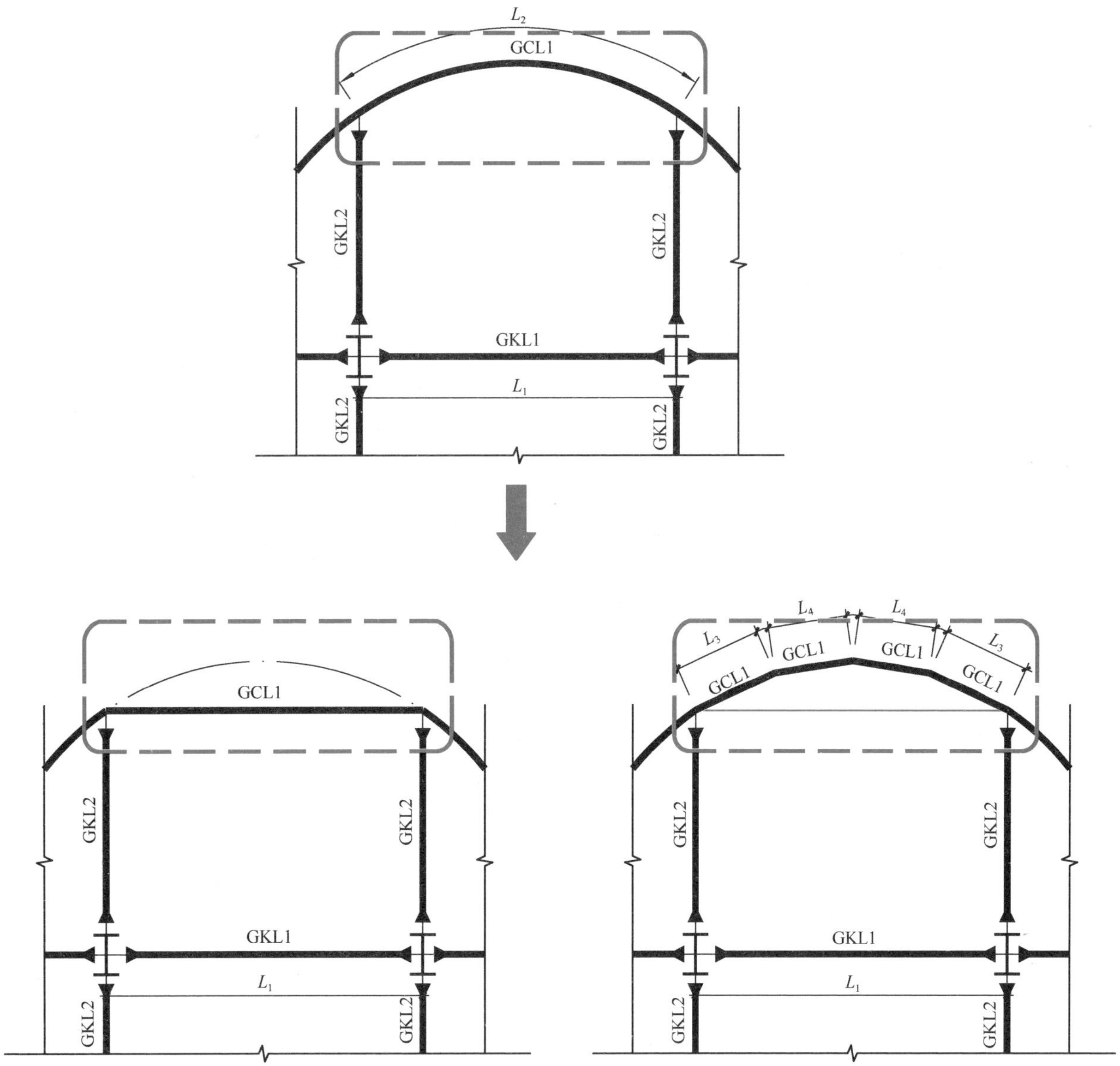

【问题说明】

图示上图为施工图水平构件布置平面，GCL1 梁计算假定为下左图直梁方式与实际受力不符，偏于不安全。

【问题解析】

对于曲率较大的弧形楼面梁在竖向荷载下将产生扭转。如果计算模型将弧形构件简化为直杆，会导致内力失真，还会导致弧梁导荷面积的不足。因此在计算时不能简化为节间直杆，可采用多段直线近似模拟(下右图)。

错误的弧梁计算简图

正确的弧梁计算简图

结构类型	
钢结构	
问题分类	
结构计算. 梁	
页码	
1. 4-5	

北京市建筑设计研究院有限公司
BEIJING INSTITUTE OF ARCHITECTURAL DESIGN

结构计算 结构布置 结构构造 设计深度

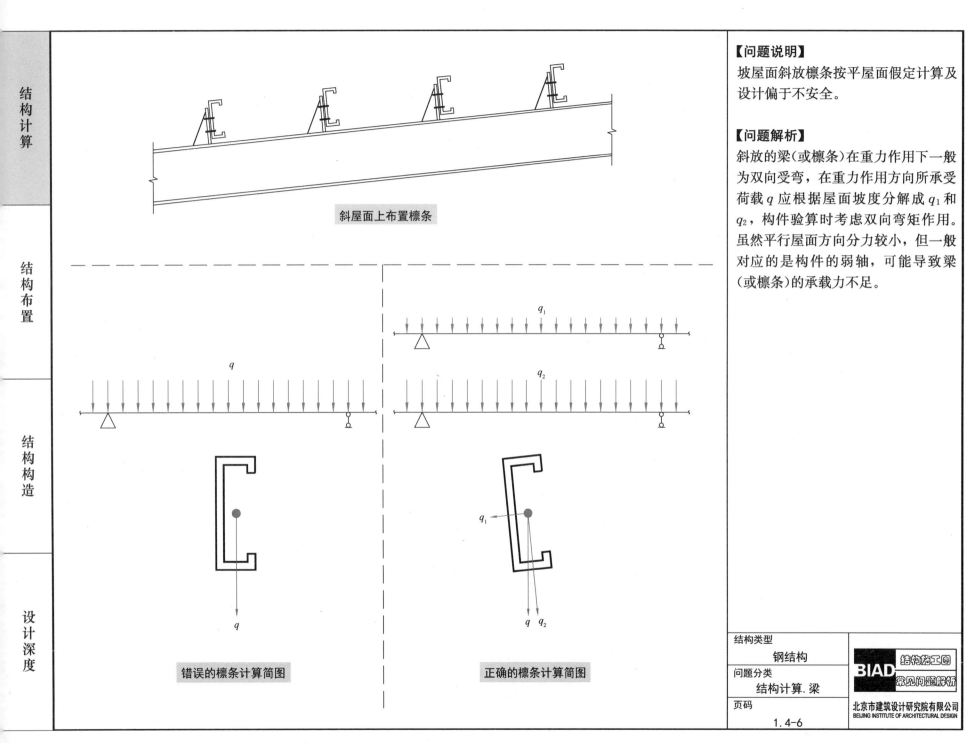

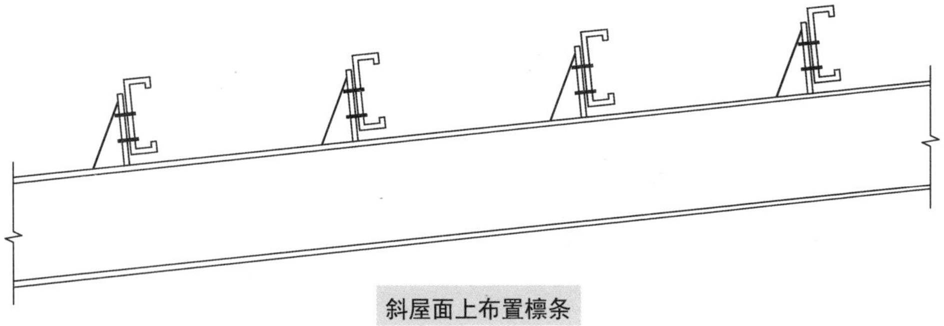

结构计算

结构布置

结构构造

设计深度

斜屋面上布置檩条

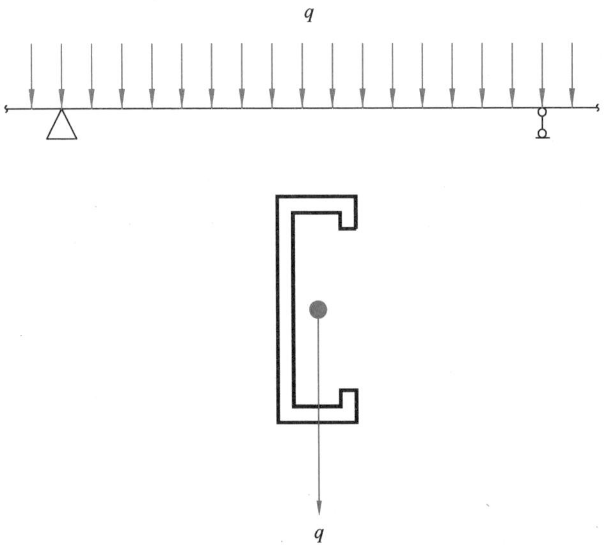

q_1

q_2

q

q

q_1

q q_2

错误的檩条计算简图

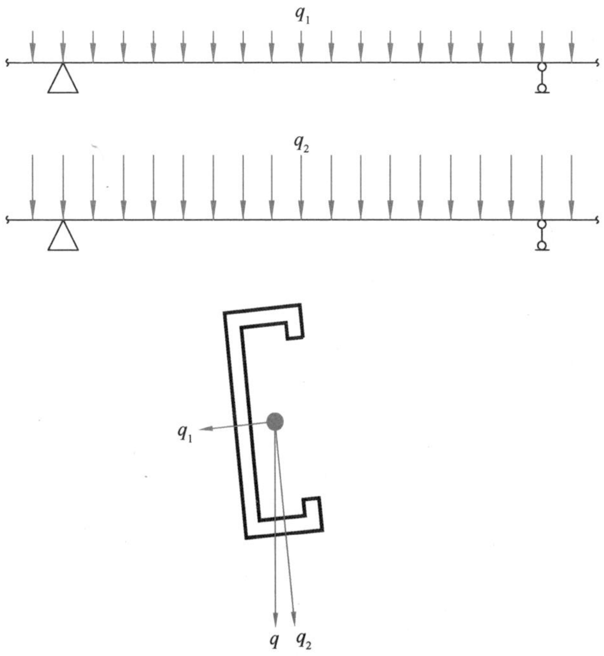

正确的檩条计算简图

【问题说明】

坡屋面斜放檩条按平屋面假定计算及设计偏于不安全。

【问题解析】

斜放的梁(或檩条)在重力作用下一般为双向受弯，在重力作用方向所承受荷载 q 应根据屋面坡度分解成 q_1 和 q_2，构件验算时考虑双向弯矩作用。虽然平行屋面方向分力较小，但一般对应的是构件的弱轴，可能导致梁(或檩条)的承载力不足。

结构类型	
钢结构	
问题分类	
结构计算. 梁	
页码	
1.4-6	

BIAD 结构施工图常见问题解析

北京市建筑设计研究院有限公司
BEIJING INSTITUTE OF ARCHITECTURAL DESIGN

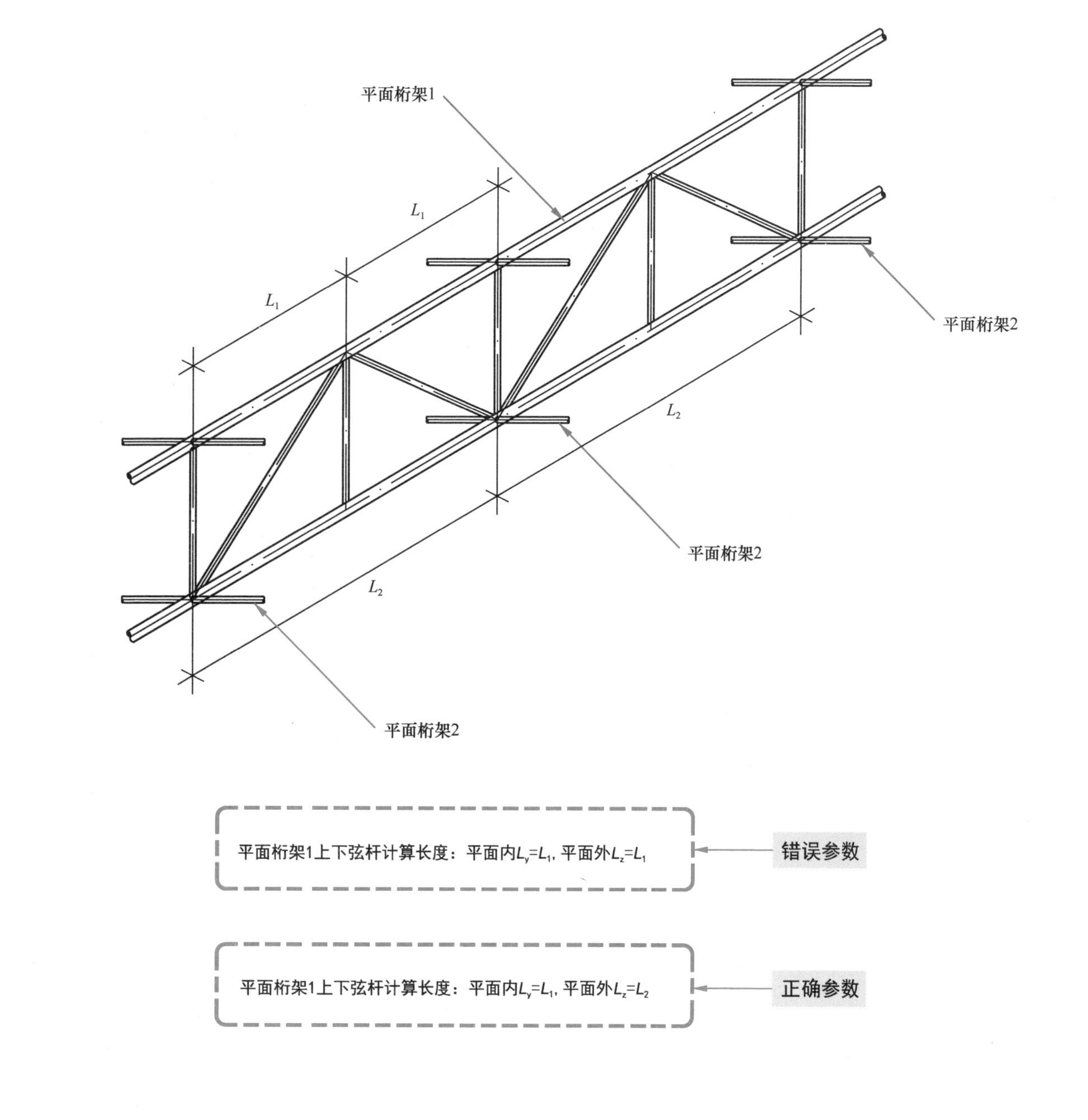

平面桁架1上下弦杆计算长度：平面内$L_y=L_1$，平面外$L_z=L_1$ ← 错误参数

平面桁架1上下弦杆计算长度：平面内$L_y=L_1$，平面外$L_z=L_2$ ← 正确参数

【问题说明】

图示平面桁架 1 上下弦杆平面外计算长度假定为 L_1 偏于不安全。

【问题解析】

计算长度是杆件设计的关键参数，软件在默认情况下取节点间长度 L_1。图示的平面桁架 1 的弦杆在桁架平面外计算长度，应取侧向支撑点间距（平面桁架 2 的间距或面外支撑间距）L_2，原设计计算长度取值为 L_1 错误。

结构类型	
钢结构	
问题分类	
结构计算. 桁架	
页码	
1.5-1	

结构计算

结构布置

结构构造

设计深度

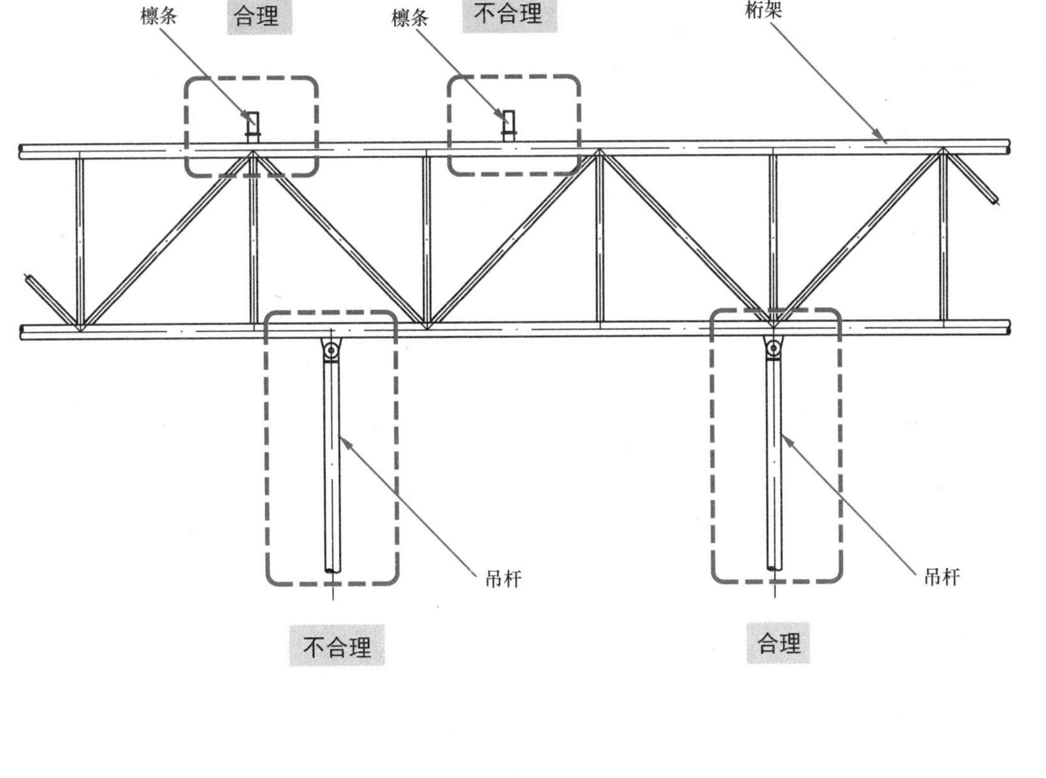

【问题说明】

原设计桁架上下弦承受节点间荷载，均按作用在节点位置计算假定与实际受力不符，结构存在安全隐患。

【问题解析】

桁架杆件以轴向受力为主。若檩条、马道、吊挂等布置在杆件节间，将产生节间弯矩，计算时不可忽略。因此檩条、马道、吊挂等应尽量布置在桁架节点位置，如确实需要布置在杆件节间，需在计算时按实际位置进行荷载输入。

结构类型	
钢结构	
问题分类	
结构计算. 桁架	
页码	
1.5-2	

北京市建筑设计研究院有限公司
BEIJING INSTITUTE OF ARCHITECTURAL DESIGN

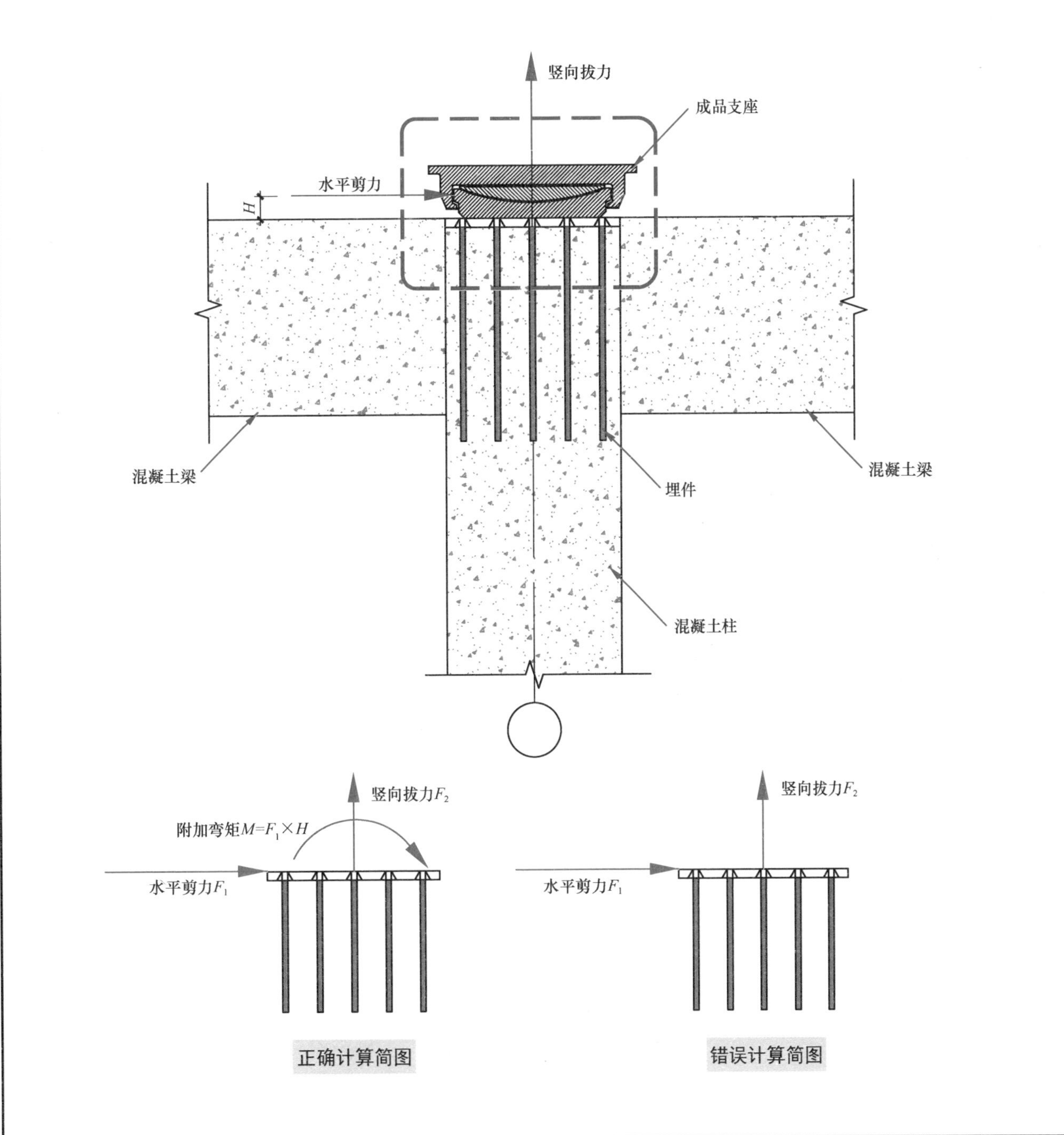

正确计算简图

错误计算简图

【问题说明】

图示上图为钢结构支座大样，埋件的计算简图为下右图，水平剪力 F_1 的作用位置与实际受力不符，偏于不安全。

【问题解析】

成品支座有一定高度，设计中易忽略水平剪力对埋件产生的弯矩作用。由于附加弯矩的作用，锚筋的受力状况与只考虑拔力可能会有明显的不同，造成安全隐患。埋件正确的受力简图详见图示下左图。

结构类型	钢结构
问题分类	结构计算. 支座
页码	1.6-1

结构计算

结构布置

结构构造

设计深度

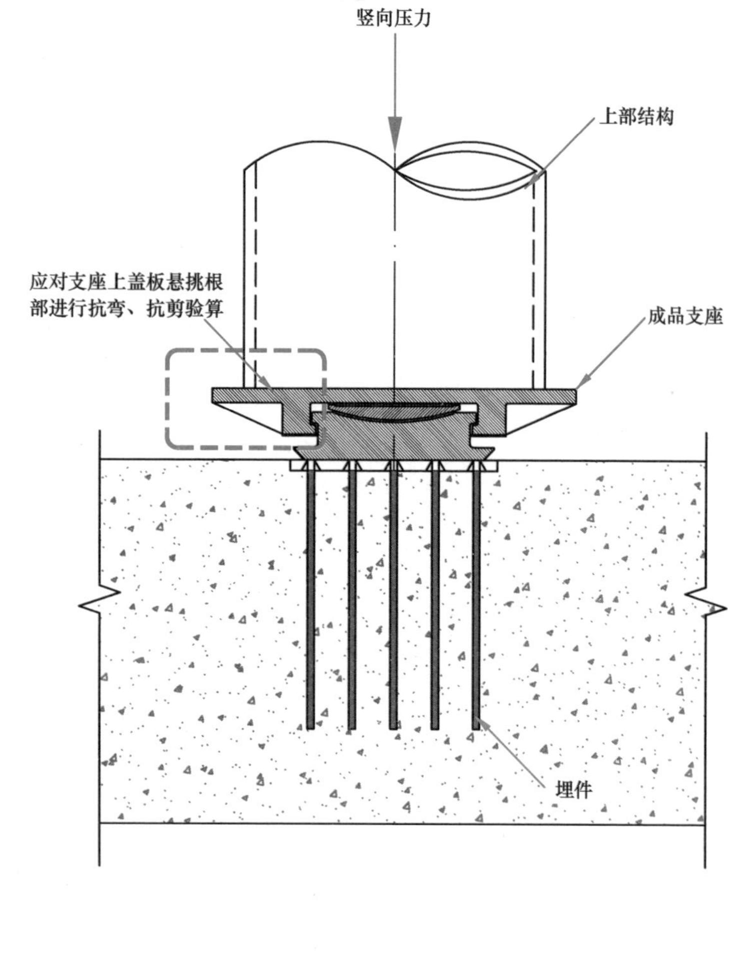

【问题说明】

图示成品支座上盖板设计遗漏悬挑根部的计算，偏于不安全。

【问题解析】

上部钢结构构件宜布置在支座中部范围，使压力通过支座球面冠板直接向下传递，尽量避免支座顶板在压力作用下受弯。

图示支座上盖板尺寸大于球冠，上部钢管柱结构荷载作用在上盖板悬挑端，须根据实际受力情况进行上盖板验算。

结构类型	
钢结构	
问题分类	
结构计算.支座	
页码	
1.6-2	

北京市建筑设计研究院有限公司
BEIJING INSTITUTE OF ARCHITECTURAL DESIGN

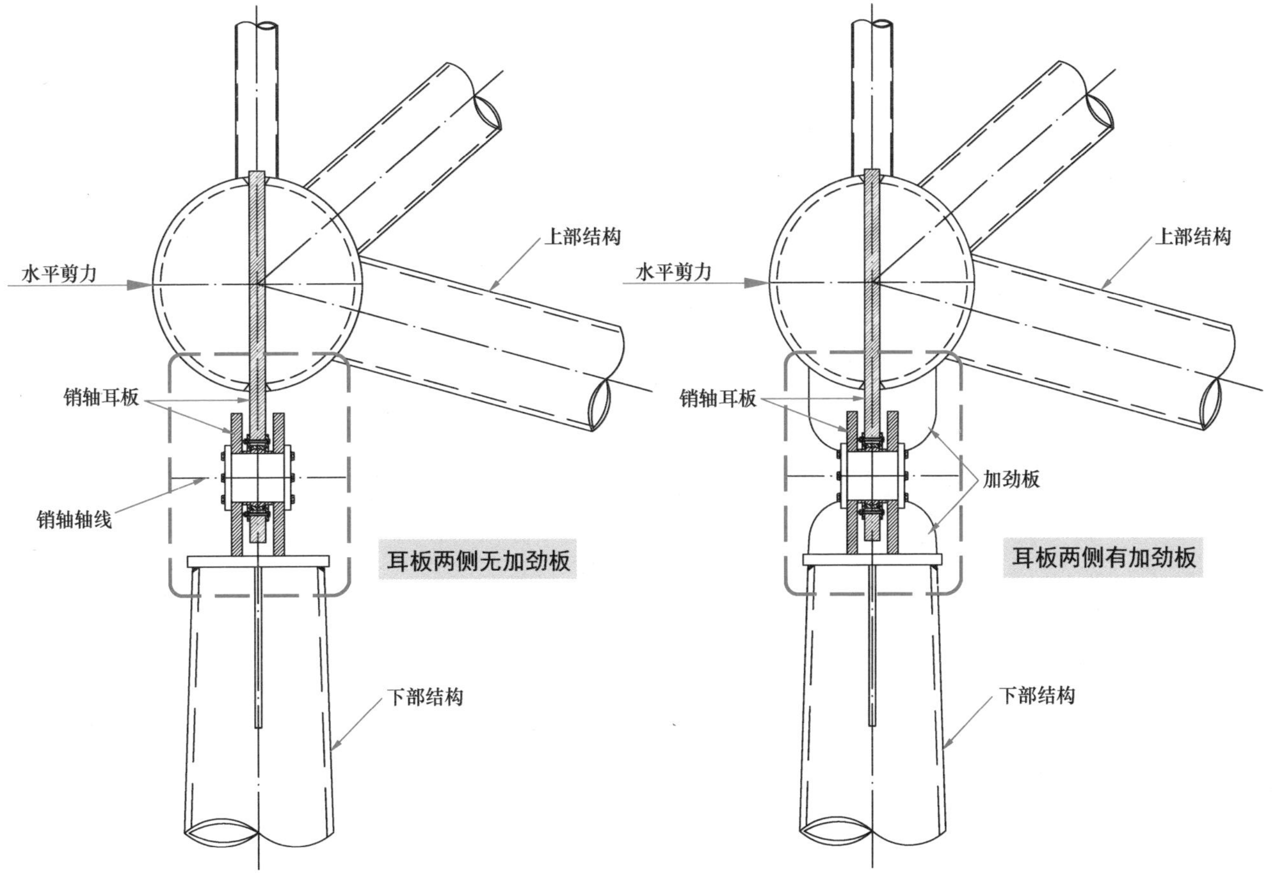

【问题说明】

支座采用销轴连接时，未考虑平行销轴轴线方向的水平剪力对耳板面外受力的不利影响。

【问题解析】

在销轴连接节点设计中，耳板的尺寸及厚度通过计算确定。平行销轴轴线方向的水平剪力引起耳板平面外受弯，耳板的面外抗弯截面模量较小，处于受力不利状态，须进行耳板平面外抗弯承载力验算。

建议做法

结构类型	
钢结构	
问题分类	
结构计算. 节点	
页码	
1.7-1	

北京市建筑设计研究院有限公司
BEIJING INSTITUTE OF ARCHITECTURAL DESIGN

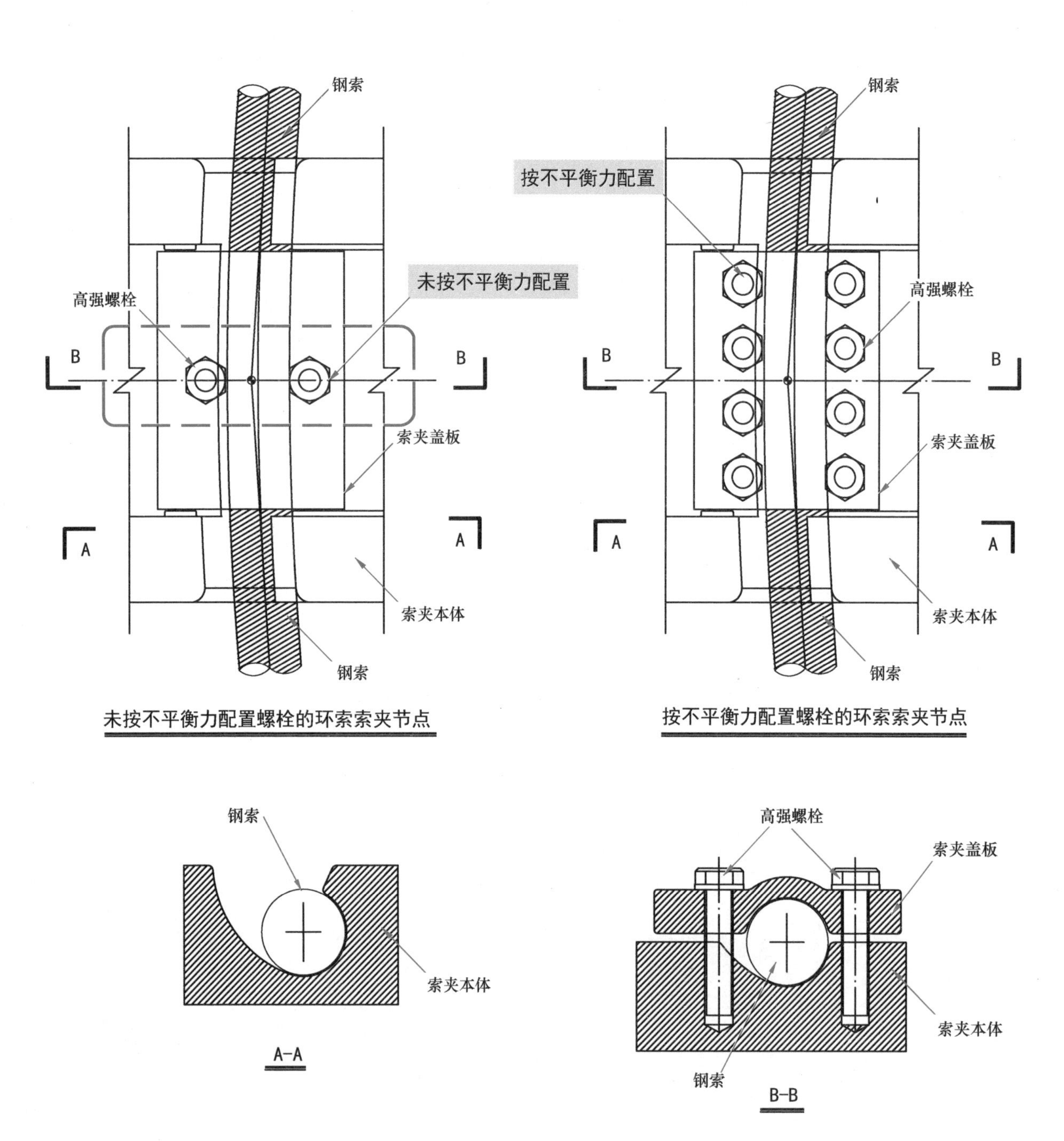

未按不平衡力配置螺栓的环索索夹节点

按不平衡力配置螺栓的环索索夹节点

A-A

B-B

【问题说明】

左图环索索夹节点的高强螺栓未按不平衡力计算配置，数量不足。

【问题解析】

不平衡力来自于节点两侧索力差，如果节点抗滑移承载力低于不平衡力，钢索在节点将发生滑移，与计算假定不符。

索夹两端索的不平衡力，可通过施加于索槽上的压力产生的摩擦力来平衡，索槽与索之间摩擦系数需要通过实验测得，高强螺栓数量应按所需的预压力数值计算确定。

结构类型	
钢结构	
问题分类	
结构计算. 节点	
页码	
1.7-2	

BIAD 结构施工图 常见问题解析
北京市建筑设计研究院有限公司
BEIJING INSTITUTE OF ARCHITECTURAL DESIGN

2 结构布置

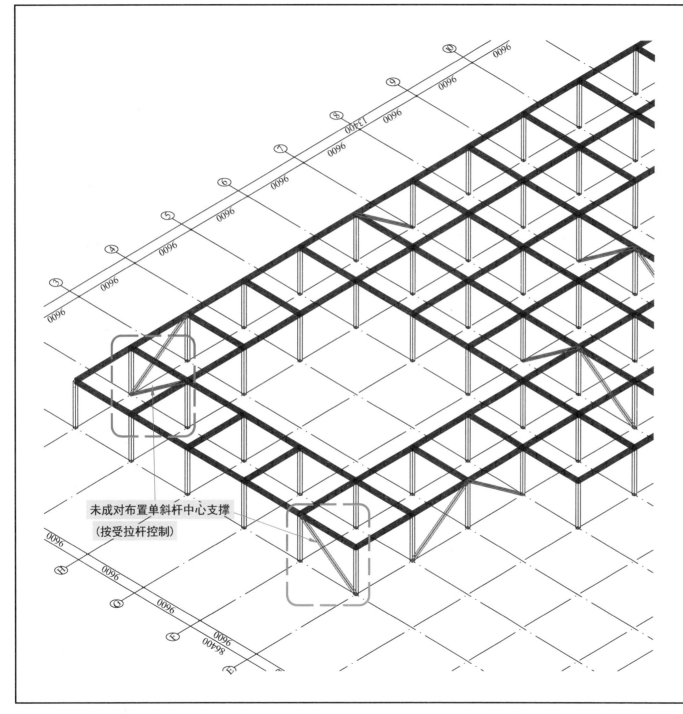

未成对布置单斜杆中心支撑
（按受拉杆控制）

【问题说明】

图中按受拉杆控制的单斜杆中心支撑宜在同一榀框架内成对设置。

【问题解析】

图中所示倾斜方向不同的两个斜杆，由于未布置在同一榀框架中，在地震往复作用下，由于长细比不满足受压杆限值要求，易受压屈曲，导致抗侧力单元各个击破，存在安全隐患。

为防止图示框架范围内中心支撑受压屈曲，可采用屈曲约束支撑；如采用普通支撑，长细比应满足受压杆限值要求；若采用普通支撑的长细比满足受拉杆要求，但不满足受压杆限值要求时，宜在同一榀框架内成对布置。

结构类型	
钢结构	
问题分类	
结构布置. 支撑	
页码	
2. 1-1	

北京市建筑设计研究院有限公司
BEIJING INSTITUTE OF ARCHITECTURAL DESIGN

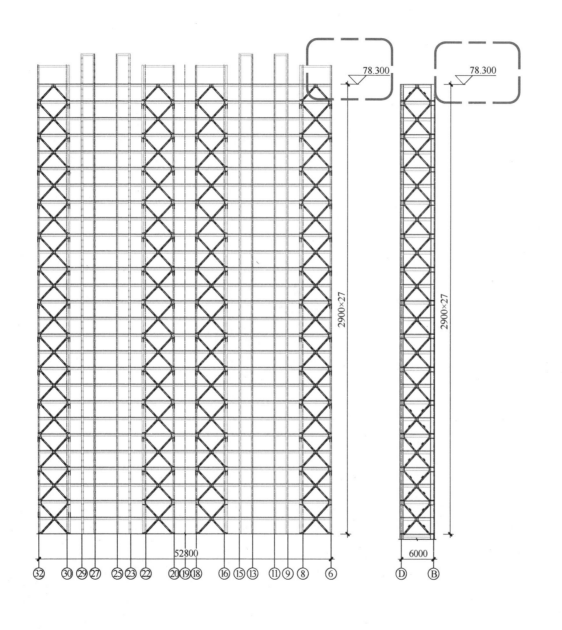

【问题说明】

本工程抗震设防烈度为8度，房屋高度为78.3m高于50m，抗震等级为二级。根据规范规定，不宜采用钢框架-普通中心支撑结构。

【问题解析】

钢框架-普通中心支撑结构中支撑按拉压杆设计，是一种较为经济的结构，但普通中心支撑在地震往复作用下易发生屈曲，耗能能力较差。因此，《高层民用建筑钢结构技术规程》JGJ 99—2015第3.2.4条和《建筑抗震设计规范》GB 50011—2010（2016年版）第8.1.5条规定，房屋高度超过50m的高层民用钢结构建筑，抗震设防烈度为8、9度，抗震等级为一、二级时，宜采用钢框架—偏心支撑、钢框架—延性墙板或钢框架—屈曲约束支撑等抗震性能较好的结构体系。

结构类型
钢结构
问题分类
结构布置．支撑
页码
2.1-2

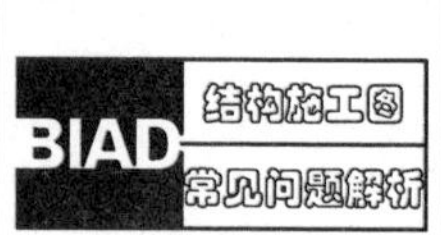

北京市建筑设计研究院有限公司
BEIJING INSTITUTE OF ARCHITECTURAL DESIGN

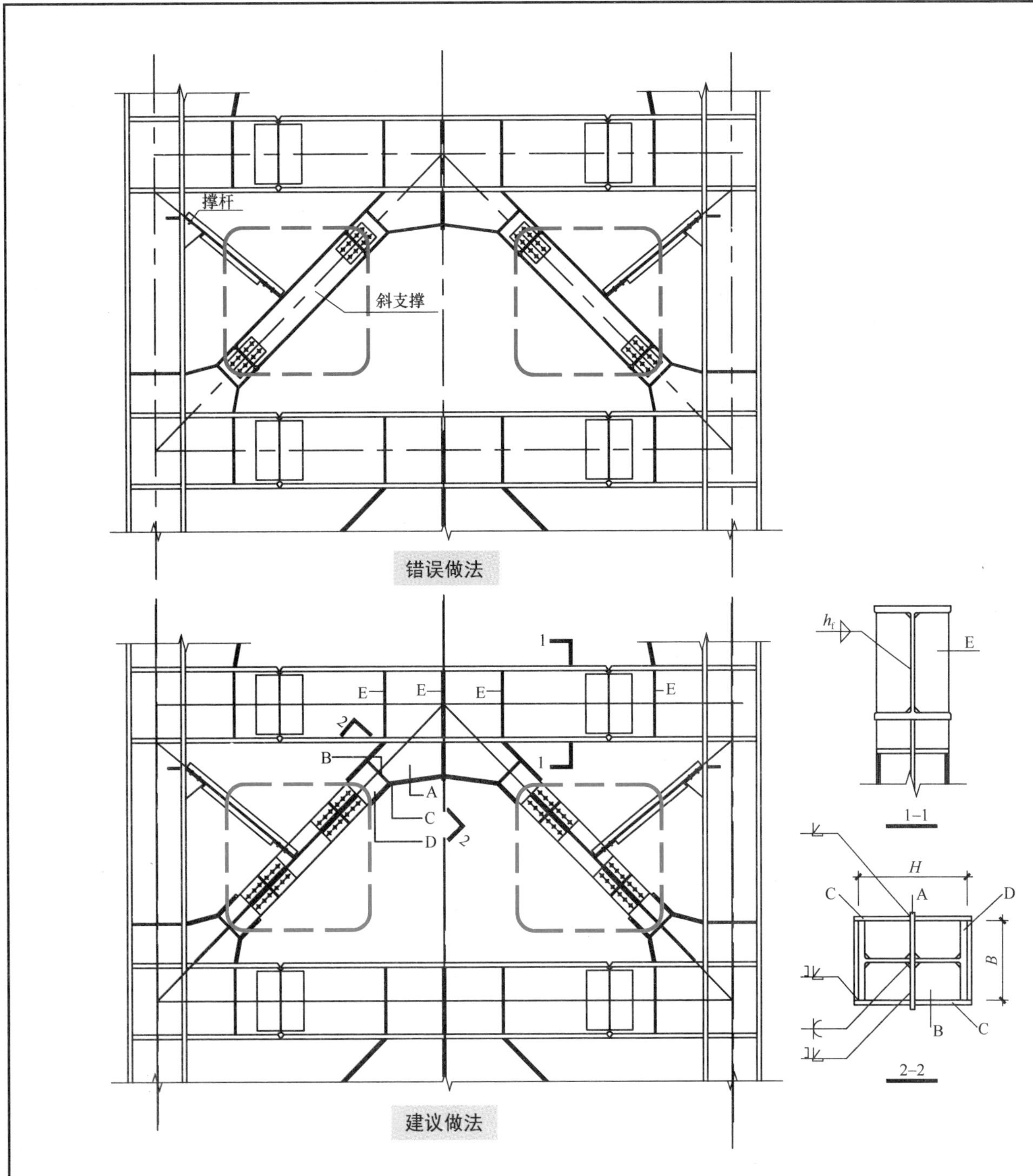

【问题说明】

上图斜支撑为工字钢，为减小斜支撑在桁架平面内的计算长度，设计于桁架面内再布置撑杆。但上图将斜支撑构件强轴方向布置于桁架平面内，使斜支撑强、弱轴两个方向长细比差异大，布置不合理。

【问题解析】

上图框架—中心支撑结构的工字钢斜支撑截面强轴于桁架面内，在桁架面外为截面弱轴，刚度较差，面外长细比大于面内，应采取措施减小面外长细比。于面内布置撑杆加大了斜支撑强、弱轴刚度差异，布置不合理。

可按下图“建议做法”将工字形截面钢支撑的弱轴方向设置在框架平面内，在弱轴方向布置撑杆以有效减小该方向的计算长度。

结构类型	
钢结构	
问题分类	
结构布置. 支撑	
页码	
2.1-3	

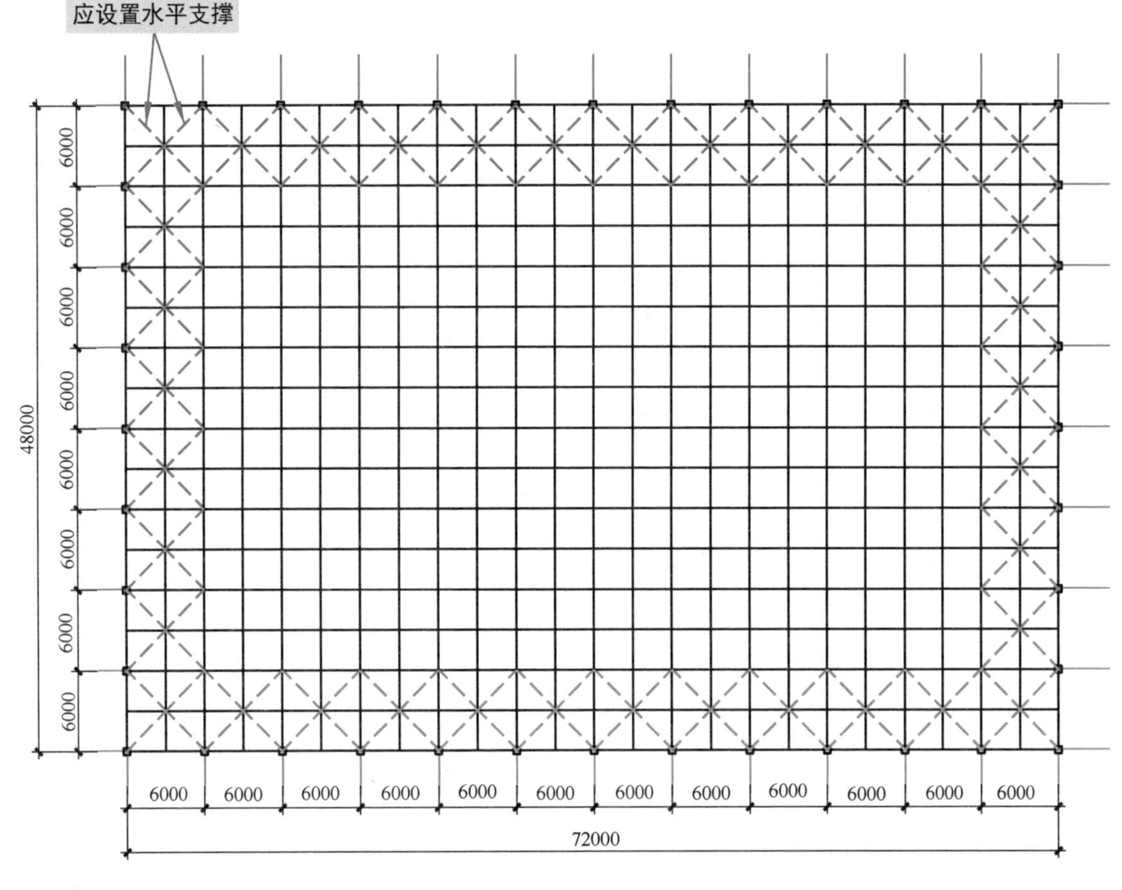

屋顶钢结构平面布置图

【问题说明】

图示屋盖为正交正放网架，边支座为上弦支承方式，原设计未在网架上弦面内布置支撑。

【问题解析】

《空间网格结构技术规程》JGJ 7—2010 第 3.2.7 条规定：当采用两向正交正放网架，应沿网架周边网格设置封闭的水平支撑。

图中为正交桁架系网架结构，应设置双向水平支撑系统，以加强平面内刚度，有效传递水平荷载。

结构类型	
钢结构	
问题分类	
结构布置. 支撑	
页码	
2.1-4	

北京市建筑设计研究院有限公司
BEIJING INSTITUTE OF ARCHITECTURAL DESIGN

应改为此布置

ZL1

SC1 SC1 SC1 SC1 SC1 SC1 SC1 SC1 SC1 SC1

XG1 XG1 XG1 XG1 XG1 XG1

18° 18°

ZL2

夹角过小

XG2 XG2 XG2 XG2 XG2 XG2

【问题说明】

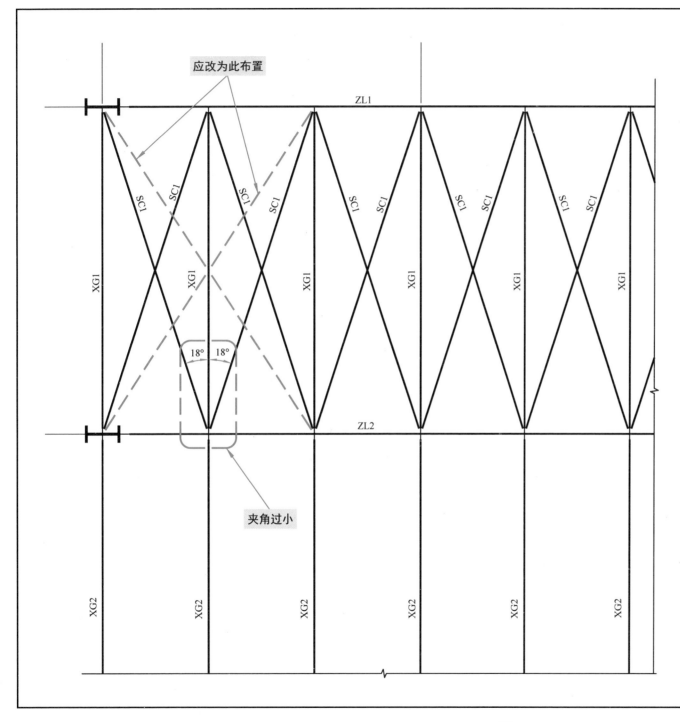

图示中屋面水平支撑的 SC1 杆布置与 XG1 梁夹角偏小，效率较低。

【问题解析】

屋面水平支撑 SC1 杆与 XG1 及 ZL2 梁夹角过大或过小时，支撑刚度较差、效率低，造成支撑构件截面大，连接节点因角度偏小不易施工。

水平支撑与其他杆件的夹角宜接近 45°，采用刚性杆，防止交叉节点处产生不平衡弯矩。

结构类型	
钢结构	
问题分类	
结构布置. 支撑	
页码	
2.1-5	

北京市建筑设计研究院有限公司
BEIJING INSTITUTE OF ARCHITECTURAL DESIGN

屋顶钢结构平面布置图

【问题说明】

图示空间网格结构网格尺寸偏大，对主次杆件受力均不利，不利于节约。

【问题解析】

主结构网格尺寸过大，檩条等次结构会在主结构构件上产生较大的节间荷载，引起附加弯曲应力，不利于主结构构件的截面控制。

同样次结构因为跨度大，截面尺寸偏大，不利于节约。

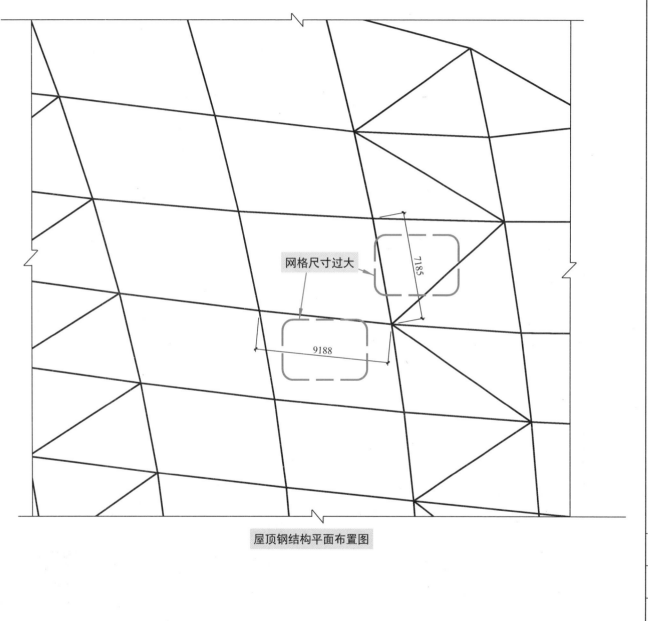

结构类型	
钢结构	
问题分类	
结构布置. 梁	
页码	
2.2-1	

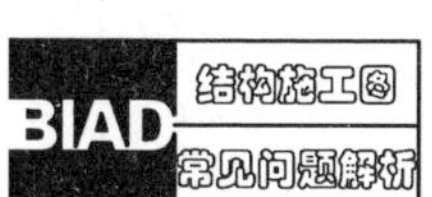

北京市建筑设计研究院有限公司
BEIJING INSTITUTE OF ARCHITECTURAL DESIGN

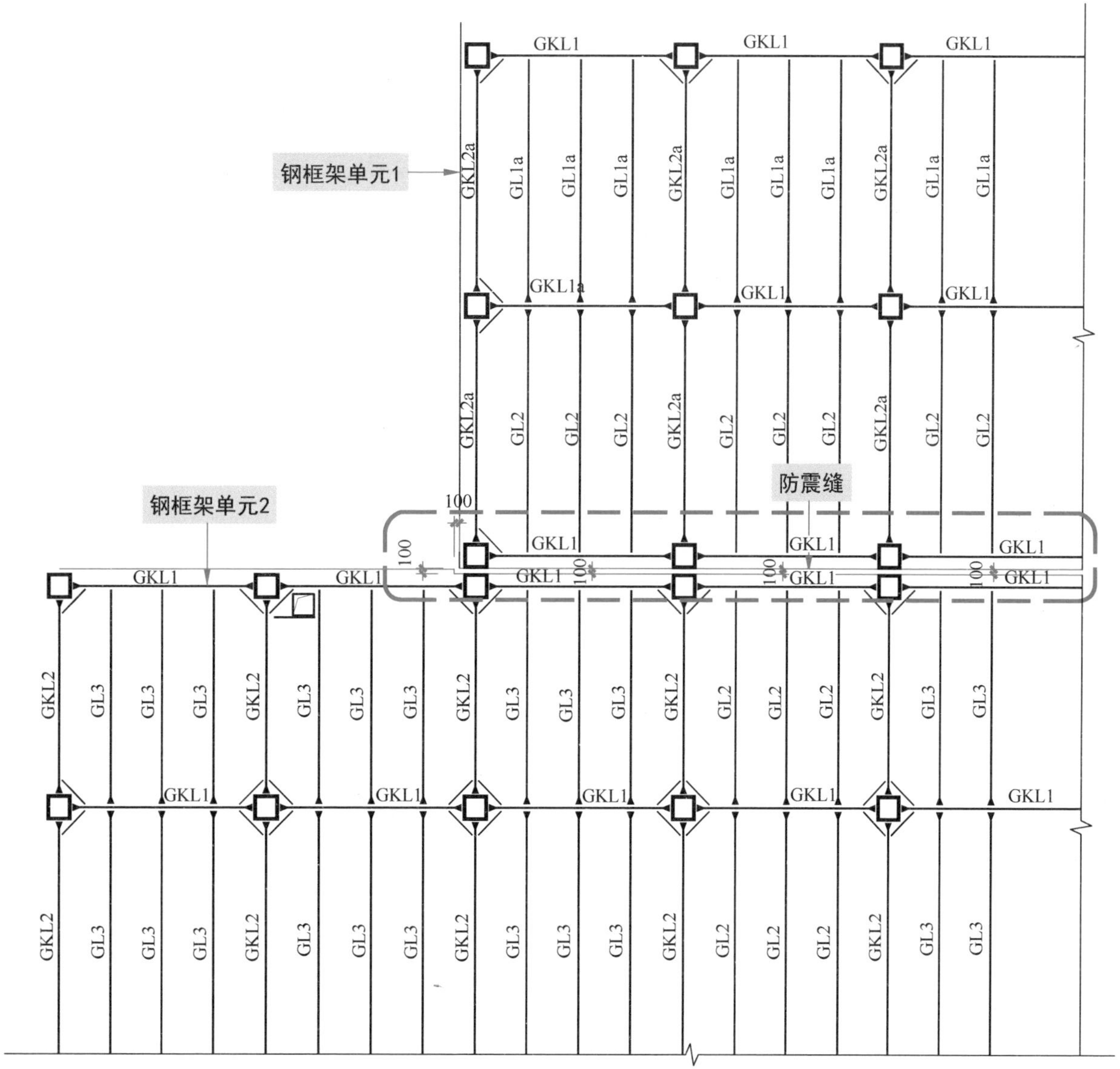

钢框架单元1
钢框架单元2
防震缝

【问题说明】

图示两个钢框架单体总高均不超过15m，之间防震缝宽度为100mm，不满足规范要求。

【问题解析】

《建筑抗震设计规范》GB 50011—2010（2016年版）第8.1.4条规定，钢结构房屋之间防震缝的缝宽应不小于相应钢筋混凝土结构房屋的1.5倍。图示结构单元间防震缝宽应为1.5×100=150mm。

设置防震缝时，应注意留有足够宽度，保证罕遇地震下单体间不发生碰撞。

结构计算
结构布置
结构构造
设计深度

结构类型
钢结构
问题分类
结构布置.梁
页码
2.2-2

北京市建筑设计研究院有限公司
BEIJING INSTITUTE OF ARCHITECTURAL DESIGN

结构计算

结构布置

结构构造

设计深度

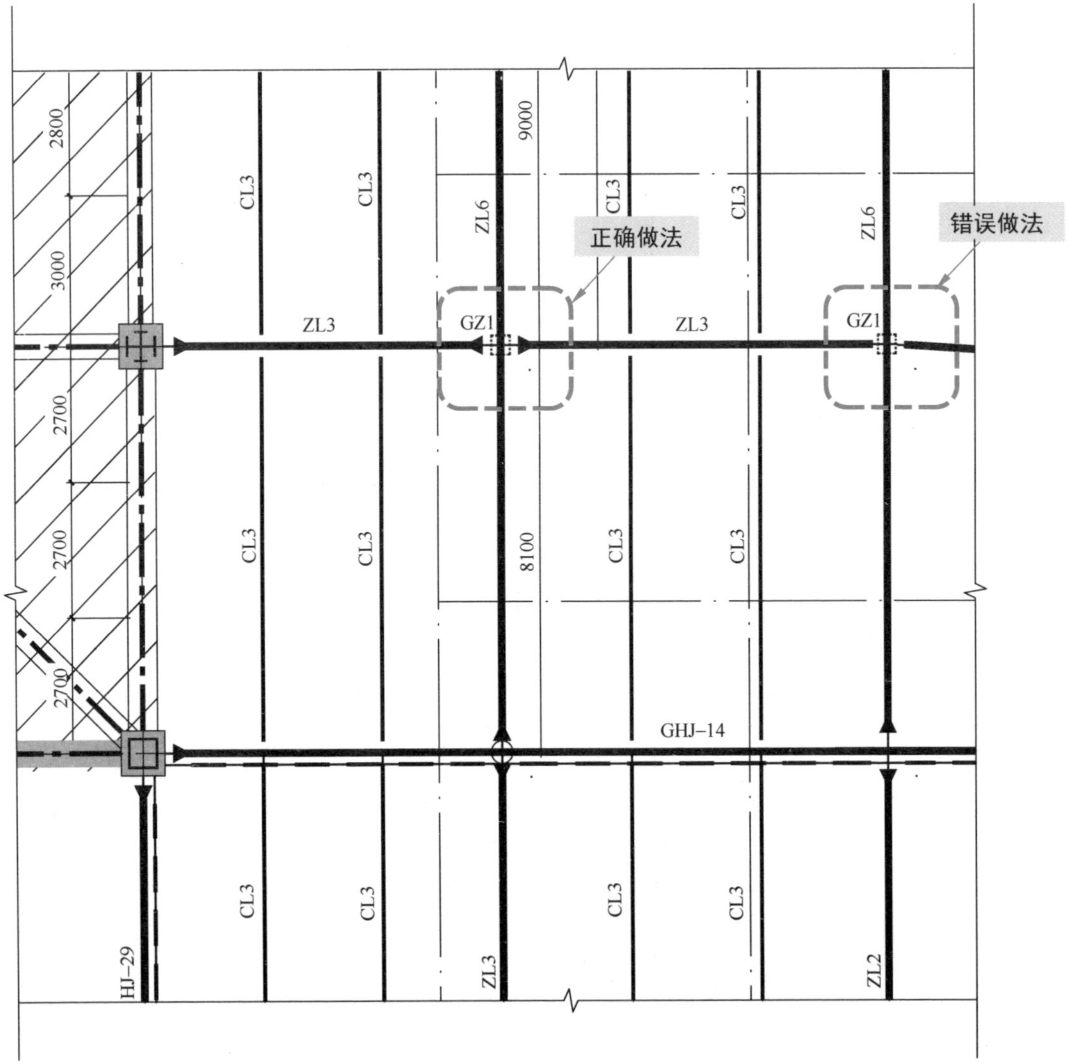

正确做法

错误做法

【问题说明】

ZL6 钢梁上布置上层 GZ1 框架钢柱，ZL3 钢梁与 ZL6 梁铰接不能平衡 GZ1 柱底弯矩，使 ZL6 梁面外受扭。

【问题解析】

梁上设置钢柱，钢柱的柱底弯矩将由楼层钢梁承担。图中已设置正交的楼层钢梁，但水平向钢梁 ZL3 与 ZL6 铰接，不能承担柱底弯矩，使 ZL6 面外扭转，钢梁的抗扭刚度较弱，ZL3 梁应与 ZL6 梁刚接，有效承担柱底弯矩。

结构类型	
钢结构	
问题分类	
结构布置. 梁	
页码	
2. 2-3	

北京市建筑设计研究院有限公司
BEIJING INSTITUTE OF ARCHITECTURAL DESIGN

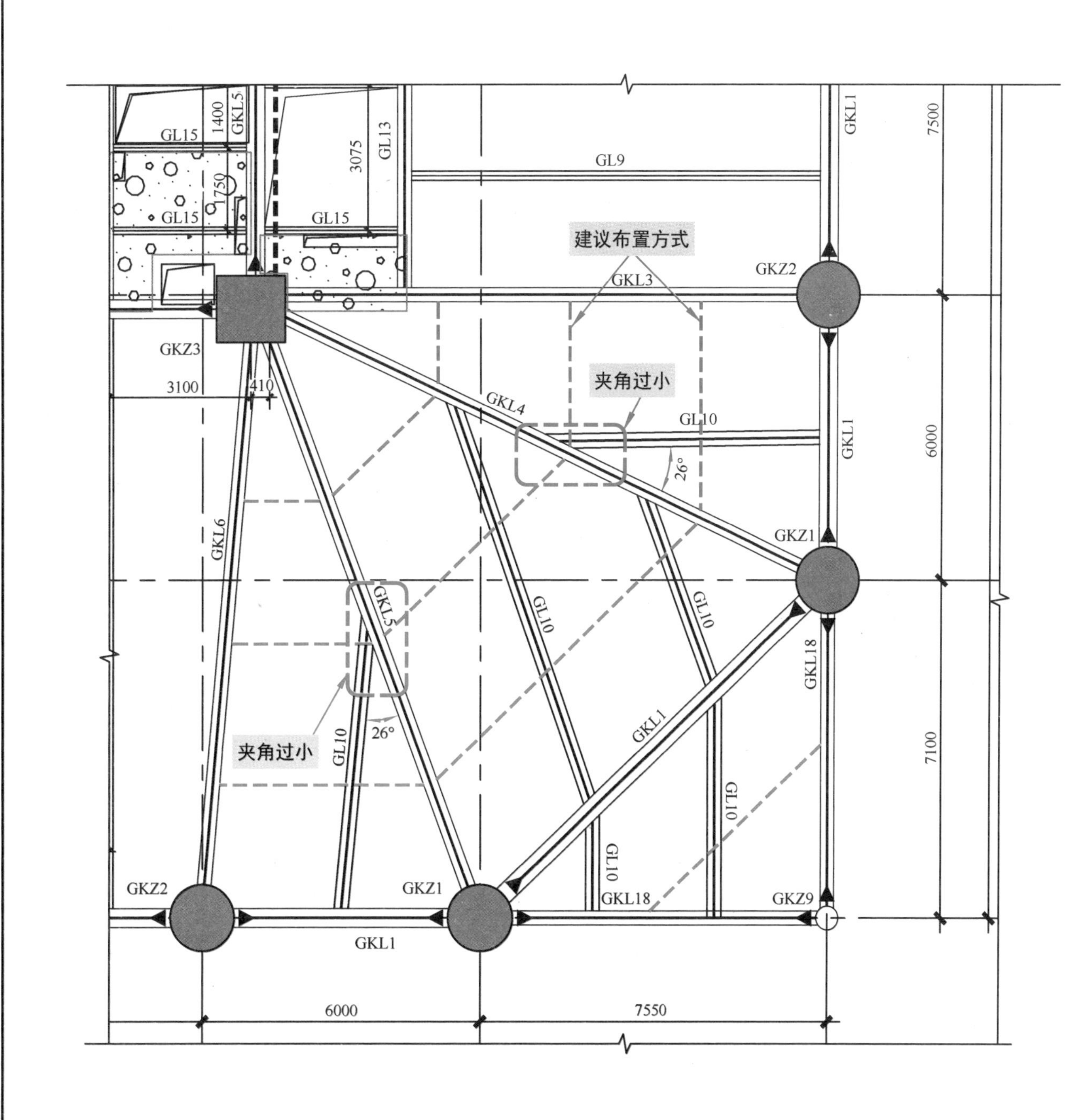

【问题说明】

图示 GL10 钢梁支座处，与 GKL4、GKL5 钢框架梁相交夹角偏小，施工难度大、质量不易保证。

【问题解析】

次梁与主梁夹角过小，对于节点板设置、螺栓排布及安装距离均存在不利影响，安装难度大，质量难以保证。

建议调整次梁排布方向，避免其与主梁连接夹角过小。

结构类型	钢结构
问题分类	结构布置. 梁
页码	2. 2-4

BIAD 结构施工图常见问题解析

北京市建筑设计研究院有限公司
BEIJING INSTITUTE OF ARCHITECTURAL DESIGN

悬挑板使钢梁受扭
板边线
GKZ2
GKZ4
GKL11
3350
铰接改刚接
增加悬挑梁
GL2
GL5
增加边梁
GKL7
5150
板边线
GL12
GKL10
GKZ2
GL1
增加悬挑梁
2200

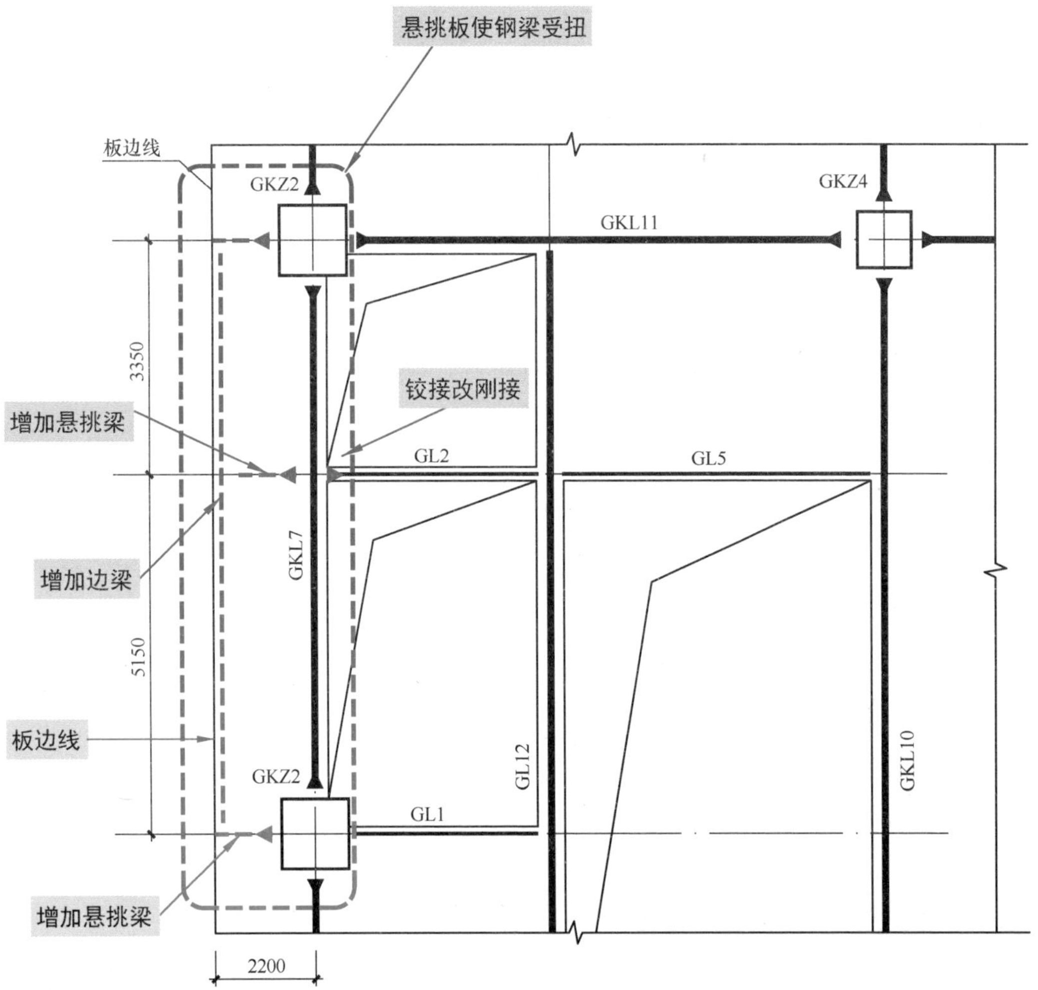

【问题说明】

图示自 GKL7 钢梁悬挑 2200mm 板布置欠妥，钢梁承受较大扭矩，受力不利。

【问题解析】

原结构平面邻近 GKL7 钢梁内侧布置板洞，悬挑板根部弯矩由 GKL7 钢梁承担，使其面外受扭。由于钢梁面外刚度较差，为避免受扭的不利影响，原结构平面宜布置由柱或内侧次梁处外挑钢梁，承受外边梁传来的悬挑板荷载，使传力途径直接可靠。

结构类型
钢结构
问题分类
结构布置. 梁
页码
2.2-5

北京市建筑设计研究院有限公司
BEIJING INSTITUTE OF ARCHITECTURAL DESIGN

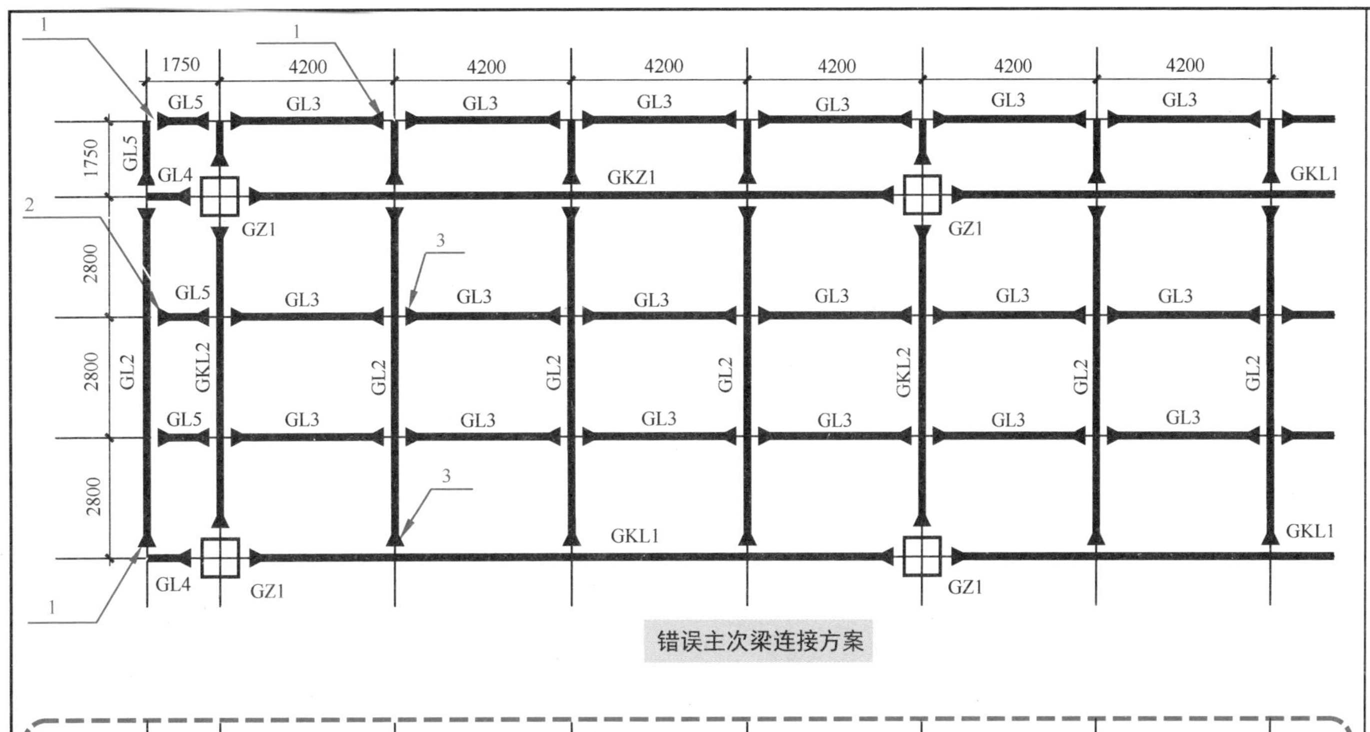

错误主次梁连接方案

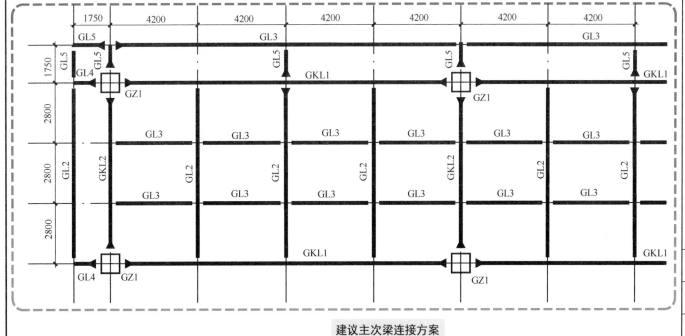

建议主次梁连接方案

【问题说明】

1. 边梁与悬挑梁端头刚接，无必要；
2. 左侧边梁 GL2 跨度不大，支撑在自框架梁悬挑的钢梁 GL4 上即可，不需于跨中布置 GL5 挑梁；
3. 跨中次梁与主梁刚接，焊接量较大，可优化。

【问题解析】

当次梁与主梁刚接时，次梁上下翼缘需与主梁或节点板翼缘有效连接传递弯矩，较多采用焊接构造，施工难度、工作量均较大。故应优化平面布置，除必须采用刚接以传递弯矩外，宜尽量采用铰接构造。

图示问题建议采用以下改进措施：

1)采用通长的边钢梁；

2)左侧和上部板跨不大(1.75m)，左侧板中次梁悬挑段取消，上部板中两跨设一个悬挑梁；

3)跨中次梁与主楼铰接。

结构类型	
钢结构	
问题分类	
结构布置.梁	
页码	
2.2-6	

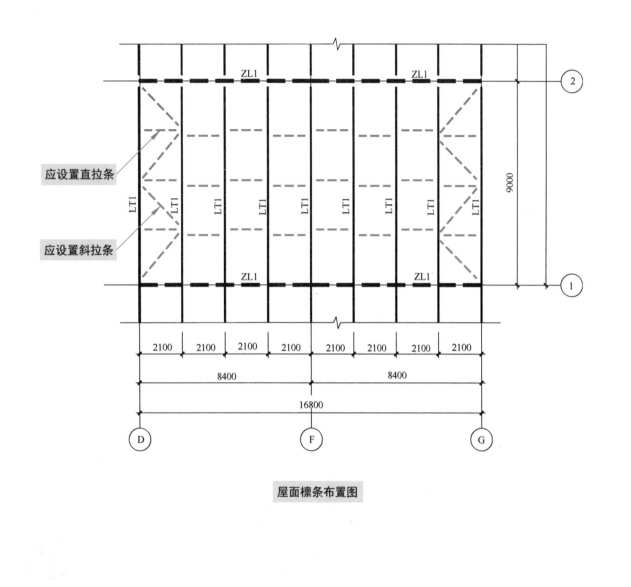

屋面檩条布置图

【问题说明】

图示屋面檩条 LT1 跨度 9m，檩条间未设置拉条和撑杆，不能保证檩条稳定。

【问题解析】

根据《门式刚架轻型房屋钢结构技术规范》GB 51022—2015 第 9.3.1 条规定：当檩条跨度大于 9m 时，宜在檩条跨度四分点处各设一道拉条或撑杆。斜拉条和刚性撑杆组成的桁架结构体系应分别设在檐口和屋脊处，当构造能保证屋脊处拉条互相拉结平衡，在屋脊处可不设斜拉条和刚性撑杆。对于檩条稳定性验算，可依据第 9.1.5 条执行。

结构类型	
钢结构	
问题分类	
结构布置. 梁	
页码	
2.2-7	

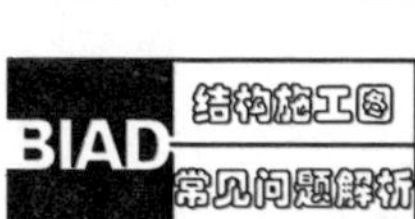

北京市建筑设计研究院有限公司
BEIJING INSTITUTE OF ARCHITECTURAL DESIGN

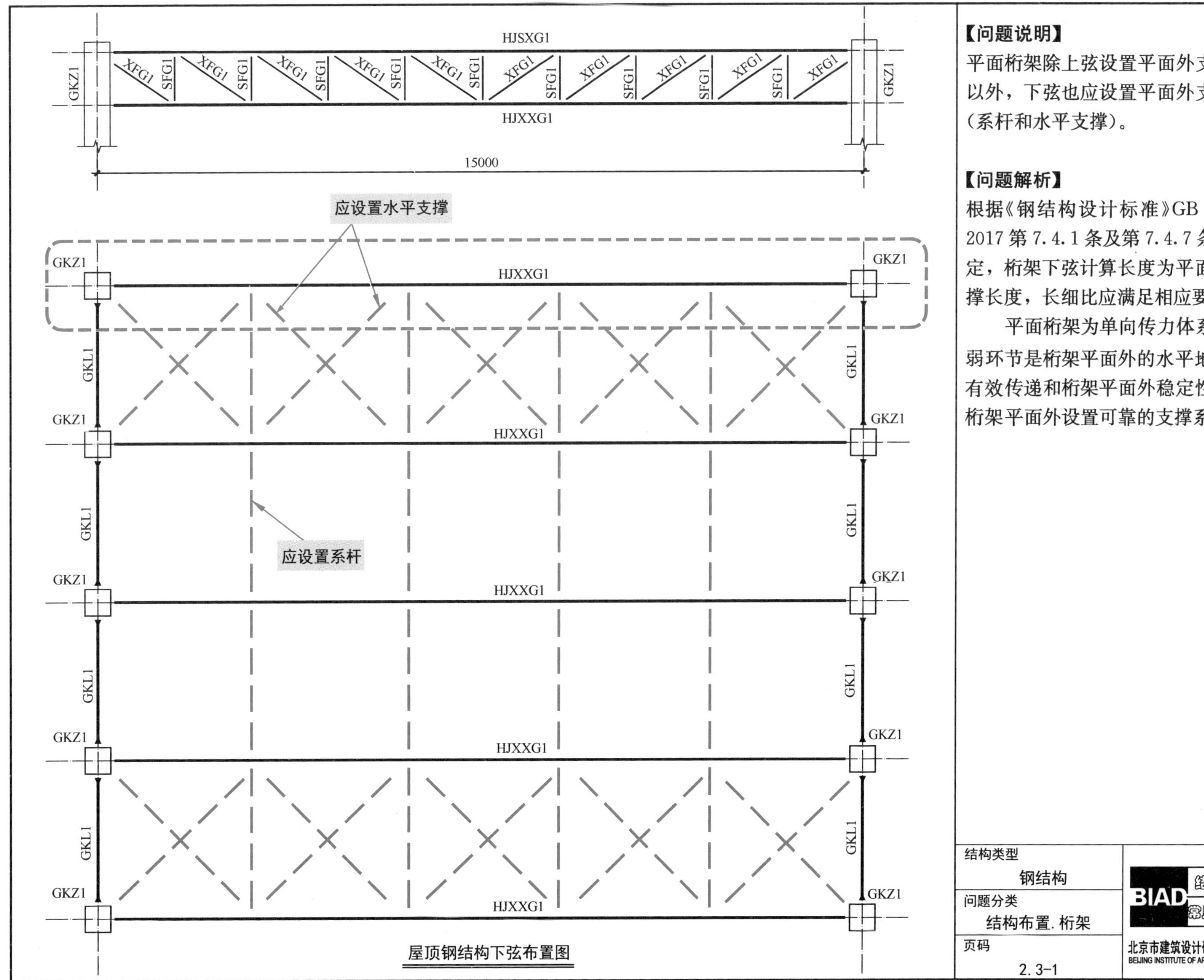

【问题说明】

平面桁架除上弦设置平面外支撑系统以外，下弦也应设置平面外支撑系统（系杆和水平支撑）。

【问题解析】

根据《钢结构设计标准》GB 50017—2017 第 7.4.1 条及第 7.4.7 条中的规定，桁架下弦计算长度为平面外无支撑长度，长细比应满足相应要求。

平面桁架为单向传力体系，其薄弱环节是桁架平面外的水平地震力的有效传递和桁架平面外稳定性，需在桁架平面外设置可靠的支撑系统。

结构类型	钢结构
问题分类	结构布置. 桁架
页码	2.3-1

BIAD 结构施工图 常见问题解析
北京市建筑设计研究院有限公司
BEIJING INSTITUTE OF ARCHITECTURAL DESIGN

3 结构构造

构件表				
编号	构件名称	截面尺寸(mm)	材质	备注
Z-1	框架柱	P1200×50	Q345GJ	直缝焊接圆管
Z-2	框架柱	P800×50	Q345GJ	直缝焊接圆管

【问题说明】

Z-2 圆管径厚比 16 不满足规范要求，进行冷卷加工时质量不易保证。

【问题解析】

《钢结构设计标准》GB 50017—2017 第 13.1.2 条规定，圆管外径与壁厚之比（径厚比）不应超过 $100(235/f_y)$。《钢结构钢材选用与检验技术规程》CECS 300—2011 第 7.1.9 条的条文说明建议，径厚比不宜小于 15（Q235 钢）或 20（Q355 钢）。

钢管压制和卷制时，在外力作用下，使钢板外层纤维伸长，内层纤维缩短而产生弯曲塑性变形。钢板经压制或卷制成钢管后，其力学性能会发生一些变化，壁厚越大、直径越小的钢管，其冷作硬化现象越严重。故在压制或卷制过程中应对其径厚比进行限制。

结构类型	钢结构
问题分类	结构构造. 柱
页码	3.1-1

北京市建筑设计研究院有限公司
BEIJING INSTITUTE OF ARCHITECTURAL DESIGN

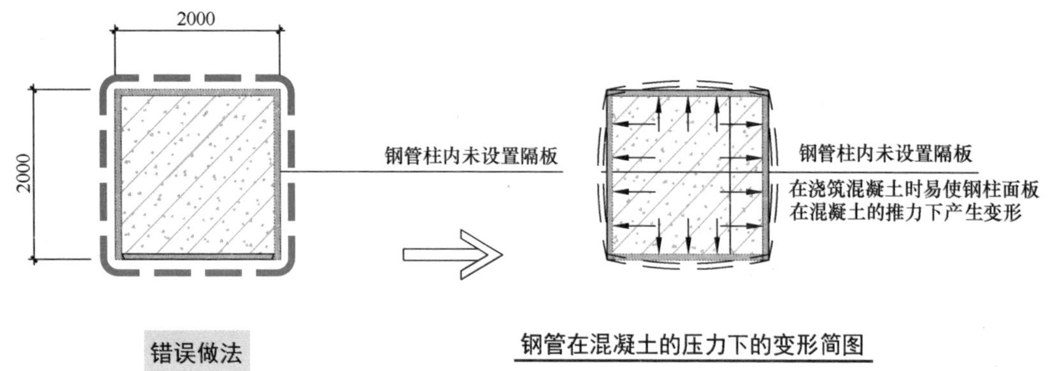
2000
2000
钢管柱内未设置隔板
钢管柱内未设置隔板
在浇筑混凝土时易使钢柱面板
在混凝土的推力下产生变形

错误做法

钢管在混凝土的压力下的变形简图

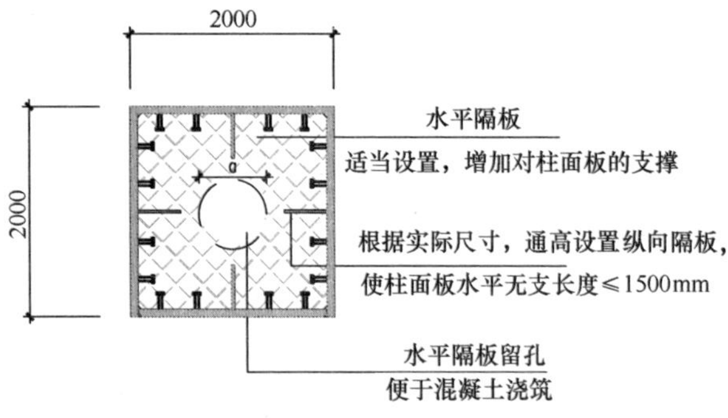
2000
2000
水平隔板
适当设置，增加对柱面板的支撑
根据实际尺寸，通高设置纵向隔板，
使柱面板水平无支长度≤1500mm
水平隔板留孔
便于混凝土浇筑

正确做法

【问题说明】

原设计矩形钢管混凝土柱边长2000mm，未设置内隔板及竖向加劲肋等，不能满足规范构造要求。

【问题解析】

根据《组合结构设计规范》JGJ 138—2016 第 7.3.2 条，矩形钢管混凝土柱边长大于等于 2000mm 时应设置内隔板；当矩形钢管混凝土柱边长或分隔的封闭截面最小边长尺寸大于或等于 1500mm 时，在封闭截面中宜设置竖向加劲肋、钢筋笼等。此构造要求的目的是为了防止矩形钢管混凝土柱管壁受压屈曲，以及避免内填混凝土收缩对钢管混凝土的共同工作性能产生不利影响。

矩形钢管混凝土在施工时一般两层一节或者三层一节，每节高度 15m 左右，在浇筑自密实混凝土时，15m 流塑状态混凝土会对钢管外壁产生推力，特别是长边容易产生变形，故需同时验算施工工况此水平力的不利影响，设置竖向通长隔板分腔或者多设置几道水平加劲肋以增加钢管壁面外刚度，可有效防止施工造成管壁的变形。

结构类型	
钢结构	
问题分类	
结构构造. 柱	
页码	
3. 1-2	

【问题说明】

图中型钢混凝土柱中型钢的混凝土保护层厚度100mm不满足规范要求。

【问题解析】

《组合结构设计规范》JGJ 138—2016第6.1.4条规定，柱型钢的混凝土保护层厚度不宜小于200mm，以防止型钢发生局部压曲变形，且有利于提高耐火性、耐久性，及便于箍筋布置。同理，型钢混凝土梁中型钢上下翼缘的混凝土保护层厚度也要满足规范第5.1.3条不宜小于100mm的规定。

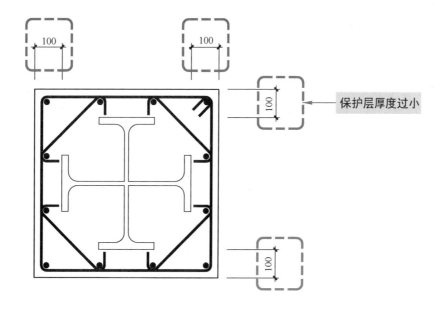

型钢混凝土柱截面

结构类型	
钢结构	
问题分类	
结构构造.柱	
页码	
3.1-3	

北京市建筑设计研究院有限公司
BEIJING INSTITUTE OF ARCHITECTURAL DESIGN

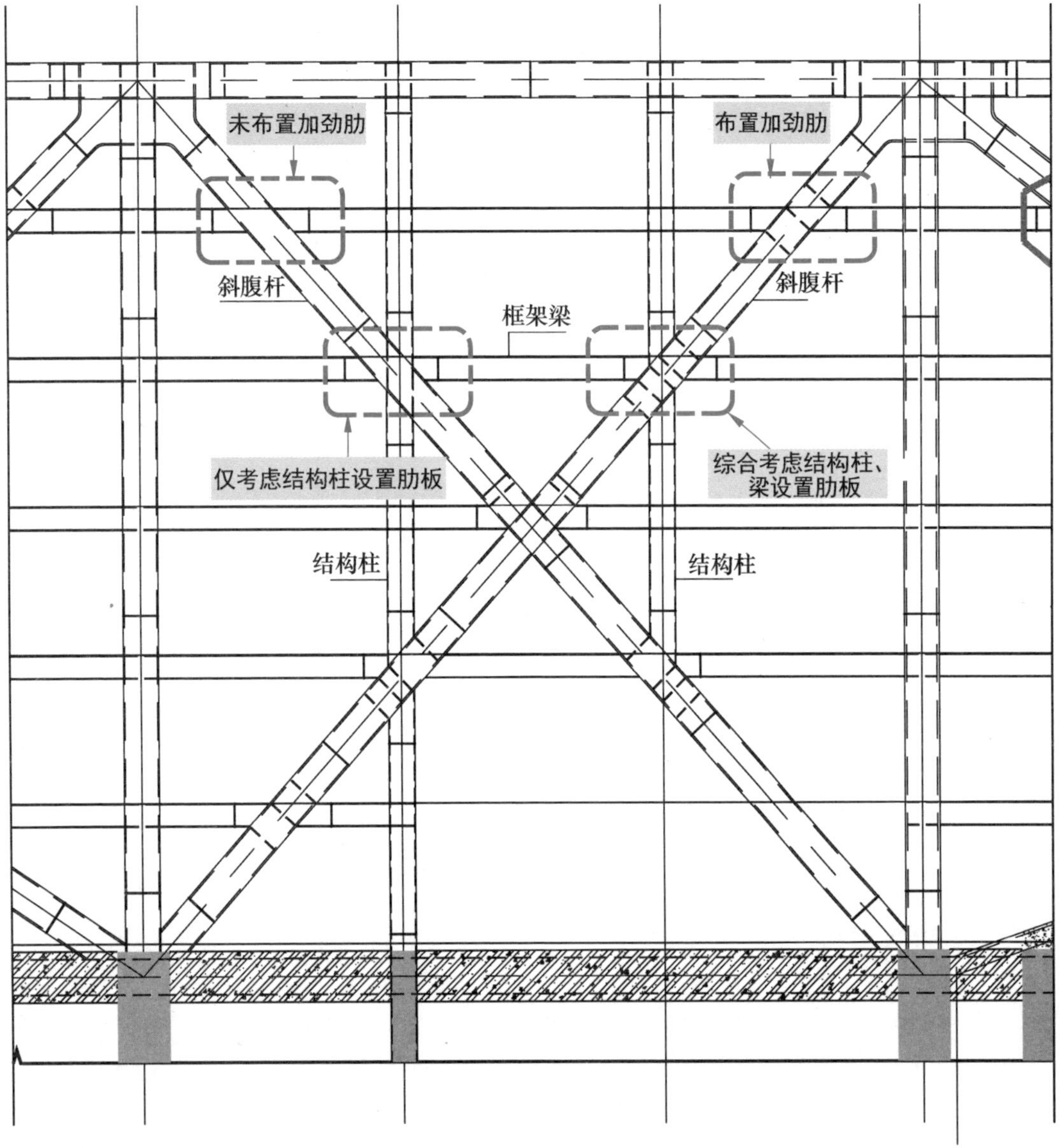

未布置加劲肋
布置加劲肋
斜腹杆
斜腹杆
框架梁
仅考虑结构柱设置肋板
综合考虑结构柱、梁设置肋板
结构柱
结构柱

钢桁架立面图

【问题说明】

主桁架斜腹杆与框架梁及框架柱交接处未设置加劲板或仅考虑某一构件方向设置加劲板，无法保证传力的连续性及可靠性。

【问题解析】

根据《建筑抗震设计规范》GB 50011—2010(2016 年版)第 8.3.4.5 条，箱形柱内与梁翼缘对应位置需设置内隔板（加劲肋）。

节点连接应具有良好的抗震延性，设置加劲肋可保证节点连接有足够的强度和刚度，避免由于节点强度或刚度不足而导致整体结构破坏。加劲肋应采用与梁翼缘同等强度的钢材制作，不得用较低强度等级的钢材，以保证必要的承载力。

结构类型	
钢结构	
问题分类	
结构构造. 支撑	
页码	
3. 2-1	

北京市建筑设计研究院有限公司
BEIJING INSTITUTE OF ARCHITECTURAL DESIGN

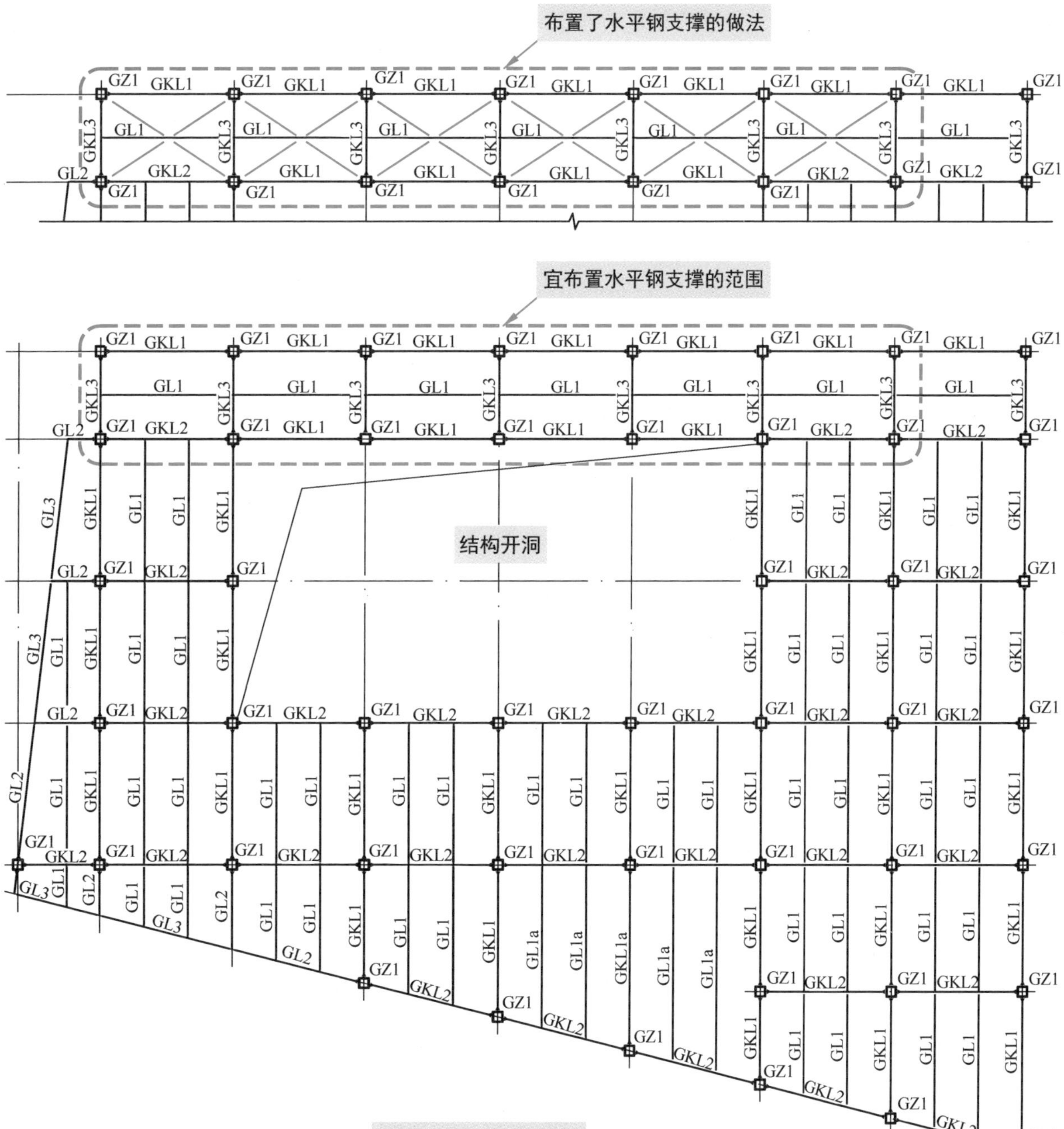

布置了水平钢支撑的做法

宜布置水平钢支撑的范围

结构开洞

钢结构局部平面布置图

【问题说明】

图示楼板大洞长向边缘为较窄的单跨结构，应采取有效的措施加强细腰楼板面内刚度及承载力，保证楼层水平力的传递。

【问题解析】

对于钢结构体系建议采取较窄楼面及相邻跨部位设置水平钢支撑的加强措施，相比通常加厚楼板、双层双向配筋的做法，不仅楼层重量可有效控制，且面内的承载力及变形能力更强。

结构类型	
钢结构	
问题分类	
结构构造. 支撑	
页码	
3.2-2	

北京市建筑设计研究院有限公司
BEIJING INSTITUTE OF ARCHITECTURAL DESIGN

结构计算

结构布置

结构构造

设计深度

梁表	
编号	截面尺寸(mm)
B1	HM200×150×6×9
B2	HM250×175×7×11
B3	HM350×250×9×14
B4	HM450×300×11×18
B5	HM600×300×14×23
B6	HN175×90×5×8
B7	HN200×100×4.5×7
B8	HN200×100×5.5×8
B9	HN250×125×5×8
B10	HN300×150×6.5×9
B11	HN300×175×6×9
B12	HN300×175×7×11
B13	HN400×150×8×13
B14	HN400×200×7×11
B15	HN400×200×8×13
B16	HN450×200×8×12
B17	HN450×200×9×14
B18	HN500×200×9×14
B19	HN500×200×10×16
B20	HN500×200×11×19
B21	HN550×200×10×16
B22	HN600×200×12×20
B23	HW100×100×6×8

梁表	
编号	截面尺寸(mm)
B24	HW125×125×6.5×9
B25	HW150×150×7×10
B26	HW175×175×7.5×11
B27	HW200×200×8×12
B28	HW200×200×12×12
B29	HW200×200×12×20
B30	HW350×350×16×16
B31	HW400×400×18×18
B32	H200×200×14×18
B33	H200×200×14×25
B34	H250×250×12×18
B35	H250×250×14×25
B36	H250×250×20×30
B37	H280×125×6×9
B38	H360×150×7×11
B39	H630×200×13×20
B40	HM300×200×8×12
B41	H300×300×12×18
B42	H150×150×12×16
B43	H150×150×8×12
B44	H100×100×6×8
B45	HM500×300×11×18
B46	HM550×300×11×15

梁表	
编号	截面尺寸(mm)
B47	H400×400×12×22
B48	H150×150×8×10
B49	H200×200×8×12
B50	H200×200×12×20
B51	H200×200×10×16
B52	H200×200×15×25
B53	HN300×150×6.5×9
B54	HN360×150×7×11
B55	HN850×300×14×19
B56	HW500×500×15×25
B57	HN850×300×17×31
B58	HM500×300×11×15
B59	HM600×300×12×20

【问题说明】

图示为规模较小的建筑，设计的钢梁截面种类偏多，且选用了同截面不同制作方式的型钢，给施工带来困难。

【问题解析】

钢梁截面种类偏多，如 200×200 的 H 型钢一共 9 种，且截面尺寸 H200×200×8×12 和 H200×200×12×20 各选用热轧、焊接两种制作方式，不利于施工采购、加工、保存、运输、安装等，另外由于建筑规模小，每种规格型钢用量有限，增加了采购难度。

结构类型	
钢结构	
问题分类	
结构构造. 梁	
页码	北京市建筑设计研究院有限公司 BEIJING INSTITUTE OF ARCHITECTURAL DESIGN
3.3-1	

构件表				
编号	构件名称	截面尺寸(mm)	材质	备注
GKL1	框架梁	H900×400×20×28	Q355B	H型钢
GKL2	框架梁	H600×300×14×20	Q355B	H型钢
GKL3	框架梁	H500×250×12×14	Q355B	H型钢
GL1	次梁	H400×200×8×14	Q355B	H型钢
GL2	次梁	H350×200×8×14	Q355B	H型钢

【问题说明】

构件表中 GKL3 框架梁抗震等级为二级，翼缘宽厚比为(250－12)/(2×14)＝8.5，不满足《建筑抗震设计规范》GB 50011—2010(2016 年版)第 8.3.2 条 $9\times\sqrt{(235/355)}=7.32$ 最大限值的要求。

【问题解析】

《建筑抗震设计规范》GB 50011—2010(2016 年版)第 8.3.2 条规定，工字形截面框架梁抗震等级二级时，翼缘外伸部分宽厚比限值为 $9\times\sqrt{(235/f_{ay})}$，以保证抗震下梁端塑性转动变形能力。

另尚应关注《建筑抗震设计规范》第 8.4.1 条，以及《钢结构设计标准》GB 50017—2017 第 3.5 节、第 6.3 节、第 7.3 节、第 8.4 节中的规定，各类构件的板件宽厚比应满足规范限值要求，或按规范要求采取加强措施。

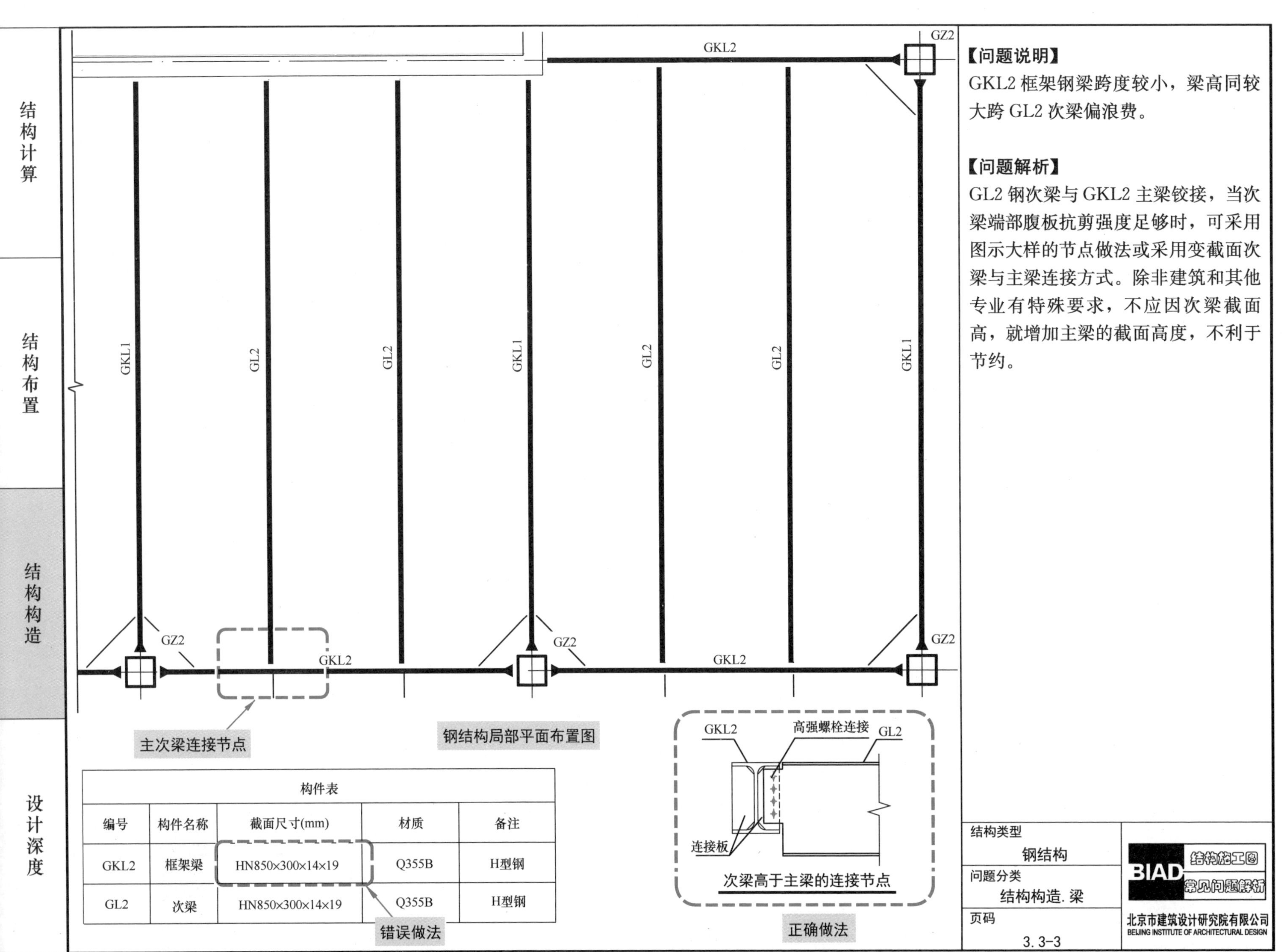

构件表

编号	构件名称	截面尺寸(mm)	材质	备注
GKL2	框架梁	HN850×300×14×19	Q355B	H型钢
GL2	次梁	HN850×300×14×19	Q355B	H型钢

【问题说明】

GKL2 框架钢梁跨度较小，梁高同较大跨 GL2 次梁偏浪费。

【问题解析】

GL2 钢次梁与 GKL2 主梁铰接，当次梁端部腹板抗剪强度足够时，可采用图示大样的节点做法或采用变截面次梁与主梁连接方式。除非建筑和其他专业有特殊要求，不应因次梁截面高，就增加主梁的截面高度，不利于节约。

结构类型	BIAD 结构施工图常见问题解析
钢结构	
问题分类	
结构构造. 梁	北京市建筑设计研究院有限公司 BEIJING INSTITUTE OF ARCHITECTURAL DESIGN
页码	
3.3-3	

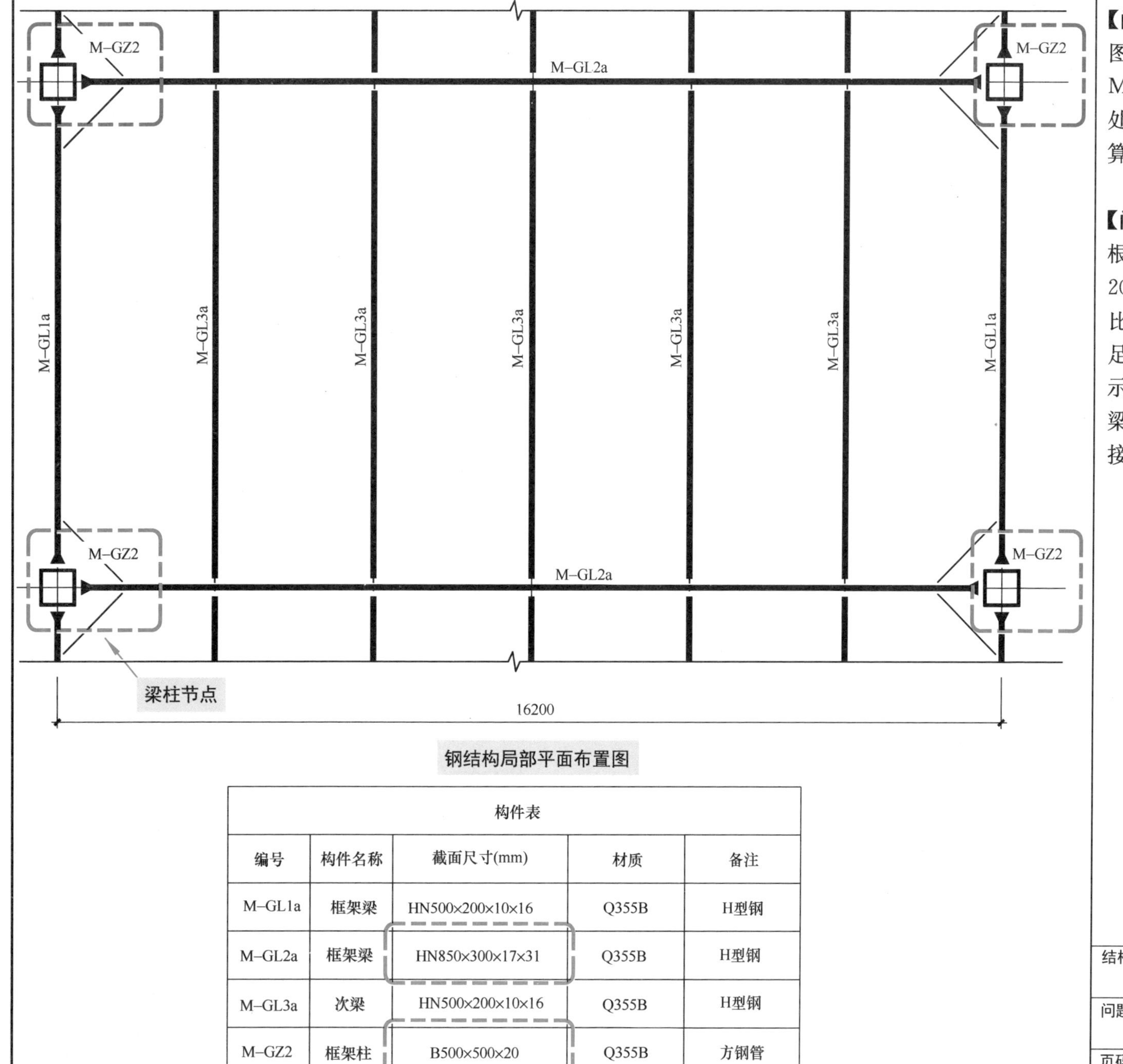

钢结构局部平面布置图

构件表				
编号	构件名称	截面尺寸(mm)	材质	备注
M-GL1a	框架梁	HN500×200×10×16	Q355B	H型钢
M-GL2a	框架梁	HN850×300×17×31	Q355B	H型钢
M-GL3a	次梁	HN500×200×10×16	Q355B	H型钢
M-GZ2	框架柱	B500×500×20	Q355B	方钢管

【问题说明】

图示 M-GL2a 大跨度框架钢梁截面比 M-GZ2 框架钢柱尺度大较多，节点处梁端和柱端全塑性承载力比值经核算不能满足规范要求。

【问题解析】

根据《建筑抗震设计规范》GB 50011—2010(2016 年版)第 8.2.5 条，除轴压比较小等特殊情况，梁柱节点处应满足强柱弱梁的抗震概念设计要求。图示结构布置可采用加大柱截面或减小梁的截面高度、削弱梁翼缘的骨式连接等措施满足规范要求。

结构类型	
钢结构	
问题分类	
结构构造. 梁	
页码	
3. 3-4	

BIAD 结构施工图常见问题解析
北京市建筑设计研究院有限公司
BEIJING INSTITUTE OF ARCHITECTURAL DESIGN

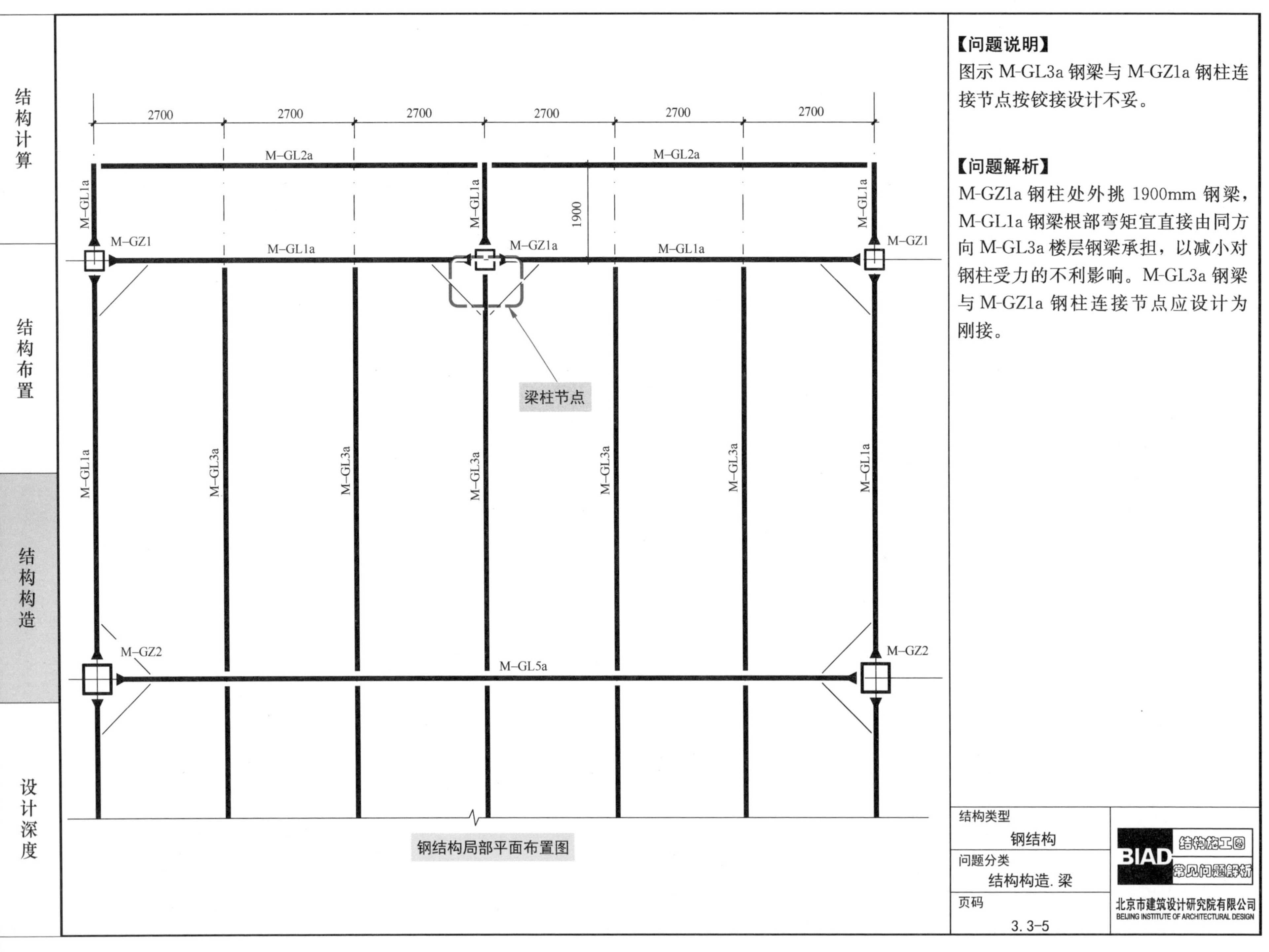

钢结构局部平面布置图

【问题说明】

图示 M-GL3a 钢梁与 M-GZ1a 钢柱连接节点按铰接设计不妥。

【问题解析】

M-GZ1a 钢柱处外挑 1900mm 钢梁，M-GL1a 钢梁根部弯矩宜直接由同方向 M-GL3a 楼层钢梁承担，以减小对钢柱受力的不利影响。M-GL3a 钢梁与 M-GZ1a 钢柱连接节点应设计为刚接。

结构类型	
钢结构	
问题分类	
结构构造. 梁	
页码	
3.3-5	

BIAD 结构施工图 常见问题解析

北京市建筑设计研究院有限公司
BEIJING INSTITUTE OF ARCHITECTURAL DESIGN

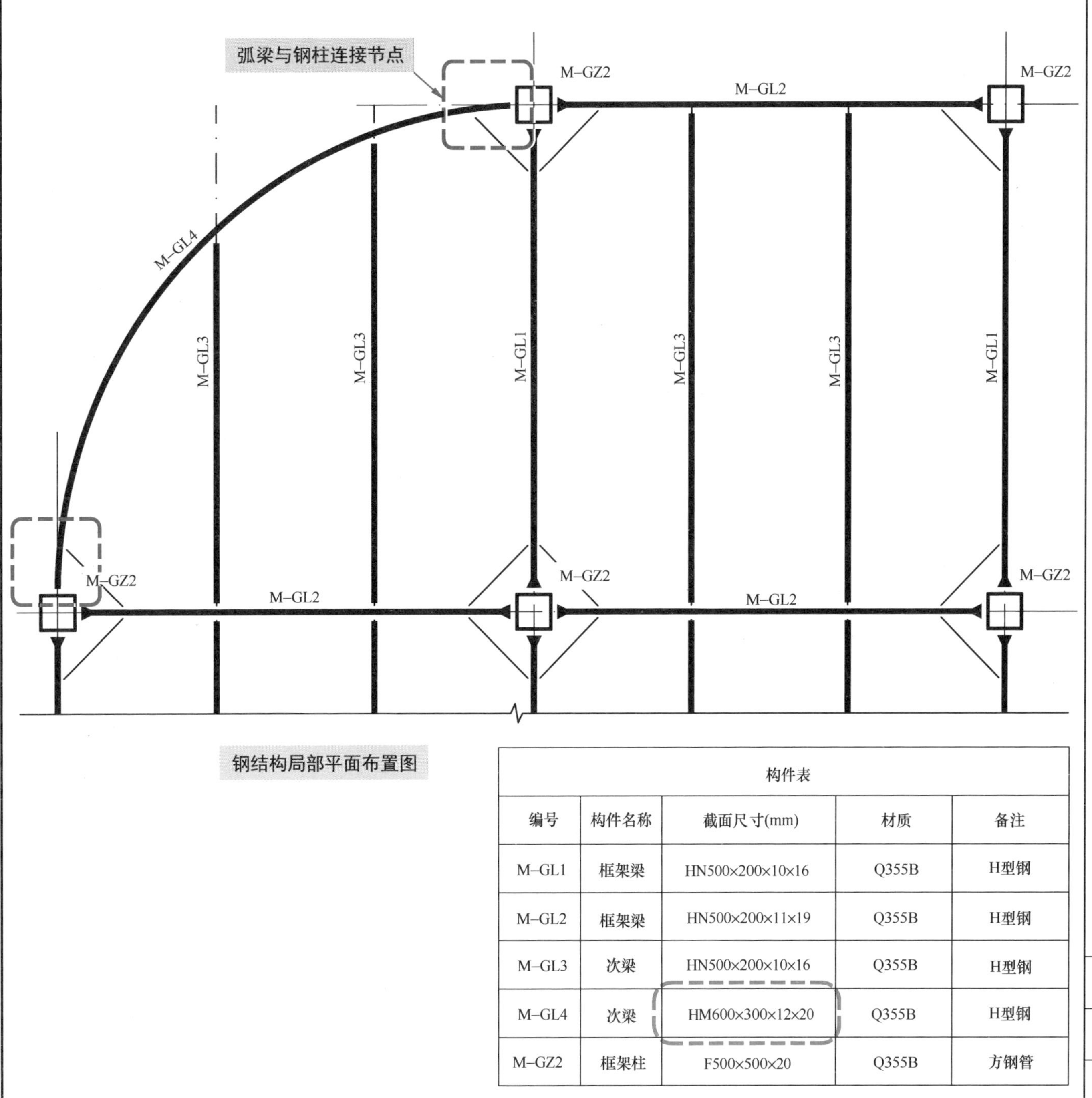

钢结构局部平面布置图

构件表

编号	构件名称	截面尺寸(mm)	材质	备注
M–GL1	框架梁	HN500×200×10×16	Q355B	H型钢
M–GL2	框架梁	HN500×200×11×19	Q355B	H型钢
M–GL3	次梁	HN500×200×10×16	Q355B	H型钢
M–GL4	次梁	HM600×300×12×20	Q355B	H型钢
M–GZ2	框架柱	F500×500×20	Q355B	方钢管

【问题说明】

弧梁 M-GL4 截面设计及支座设计均未考虑扭矩的不利影响。

【问题解析】

弧梁 M-GL4 在竖向荷载作用下将产生扭矩，支座处扭矩最大。原设计弧梁采用 H 形截面，抗扭转能力不能满足要求。可采用方管或圆管等具有一定抗扭刚度的构件类型，不应采用工字形、槽形、Z 形、H 形等开口形截面的构件。

此外，梁端应与柱刚接以将扭矩有效传递至框架柱。

结构类型
钢结构
问题分类
结构构造. 梁
页码
3. 3-6

BIAD 结构施工图 常见问题解析
北京市建筑设计研究院有限公司
BEIJING INSTITUTE OF ARCHITECTURAL DESIGN

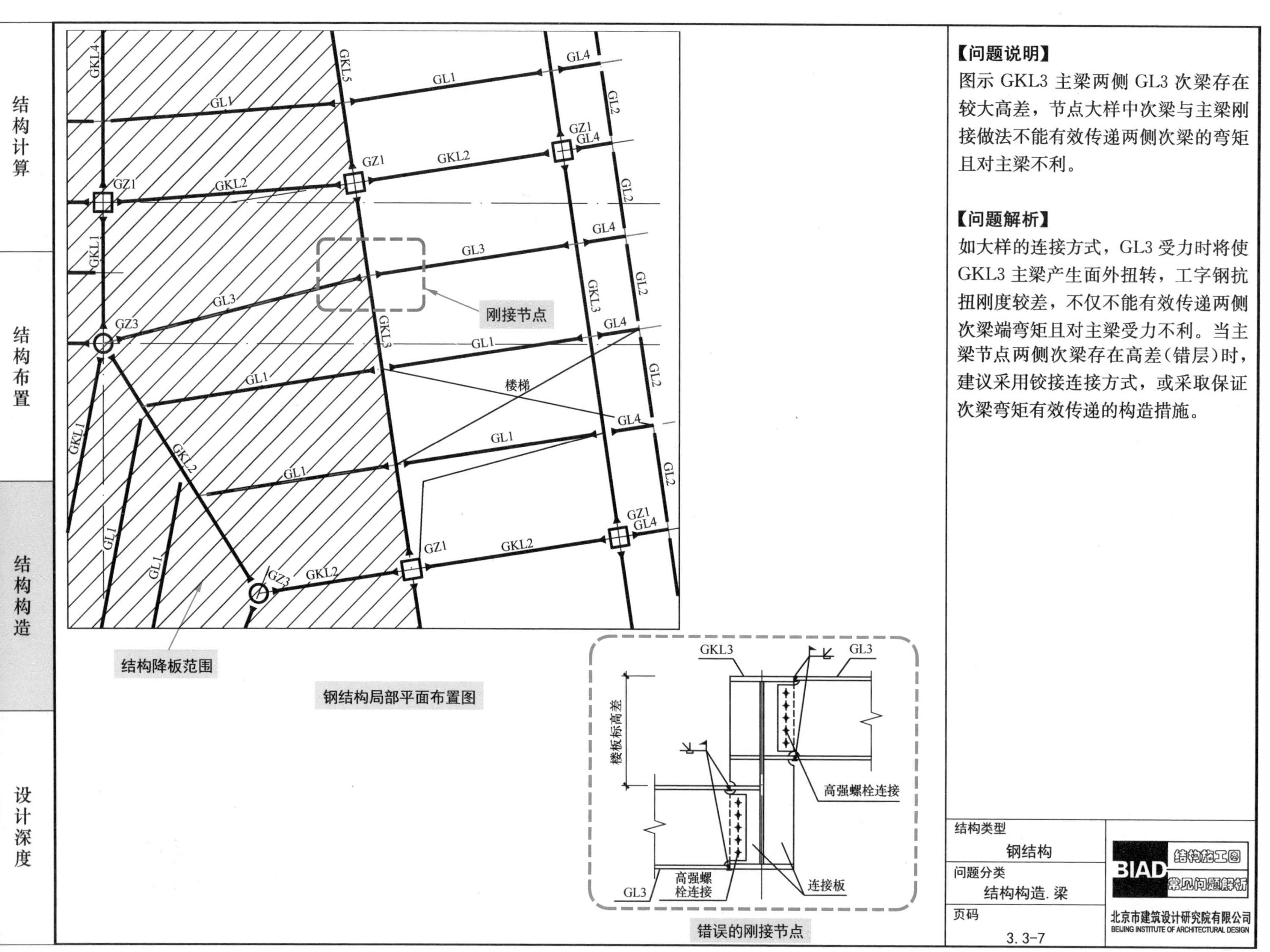

【问题说明】

图示 GKL3 主梁两侧 GL3 次梁存在较大高差，节点大样中次梁与主梁刚接做法不能有效传递两侧次梁的弯矩且对主梁不利。

【问题解析】

如大样的连接方式，GL3 受力时将使 GKL3 主梁产生面外扭转，工字钢抗扭刚度较差，不仅不能有效传递两侧次梁端弯矩且对主梁受力不利。当主梁节点两侧次梁存在高差（错层）时，建议采用铰接连接方式，或采取保证次梁弯矩有效传递的构造措施。

结构类型	
钢结构	
问题分类	
结构构造. 梁	
页码	
3.3-7	

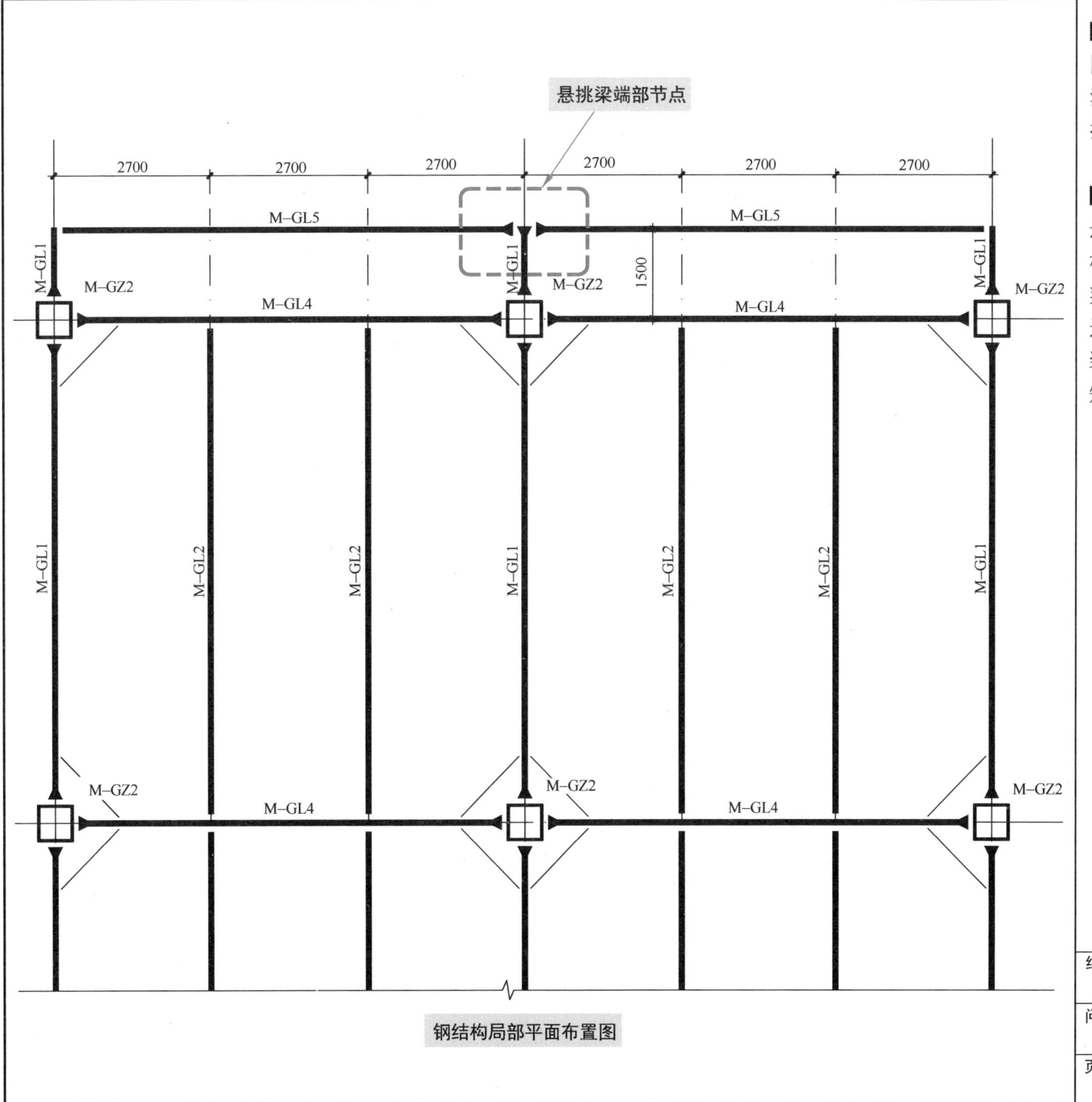

钢结构局部平面布置图

【问题说明】

图示 M-GL1 悬挑梁端部刚接表示方法错误。另两侧 M-GL5 边梁与其连接节点不宜设计为刚接。

【问题解析】

悬挑梁端部未连接沿挑梁方向的其他构件，端部刚接表示方法错误。当边梁承受荷载不大、梁高限制较小时，连续支座应设计为铰接，不仅施工安装简便，且可避免由于两侧不平衡弯矩使悬挑梁受扭的不利影响。

结构类型	
钢结构	
问题分类	
结构构造. 梁	
页码	
3.3-8	

BIAD 结构施工图常见问题解析
北京市建筑设计研究院有限公司
BEIJING INSTITUTE OF ARCHITECTURAL DESIGN

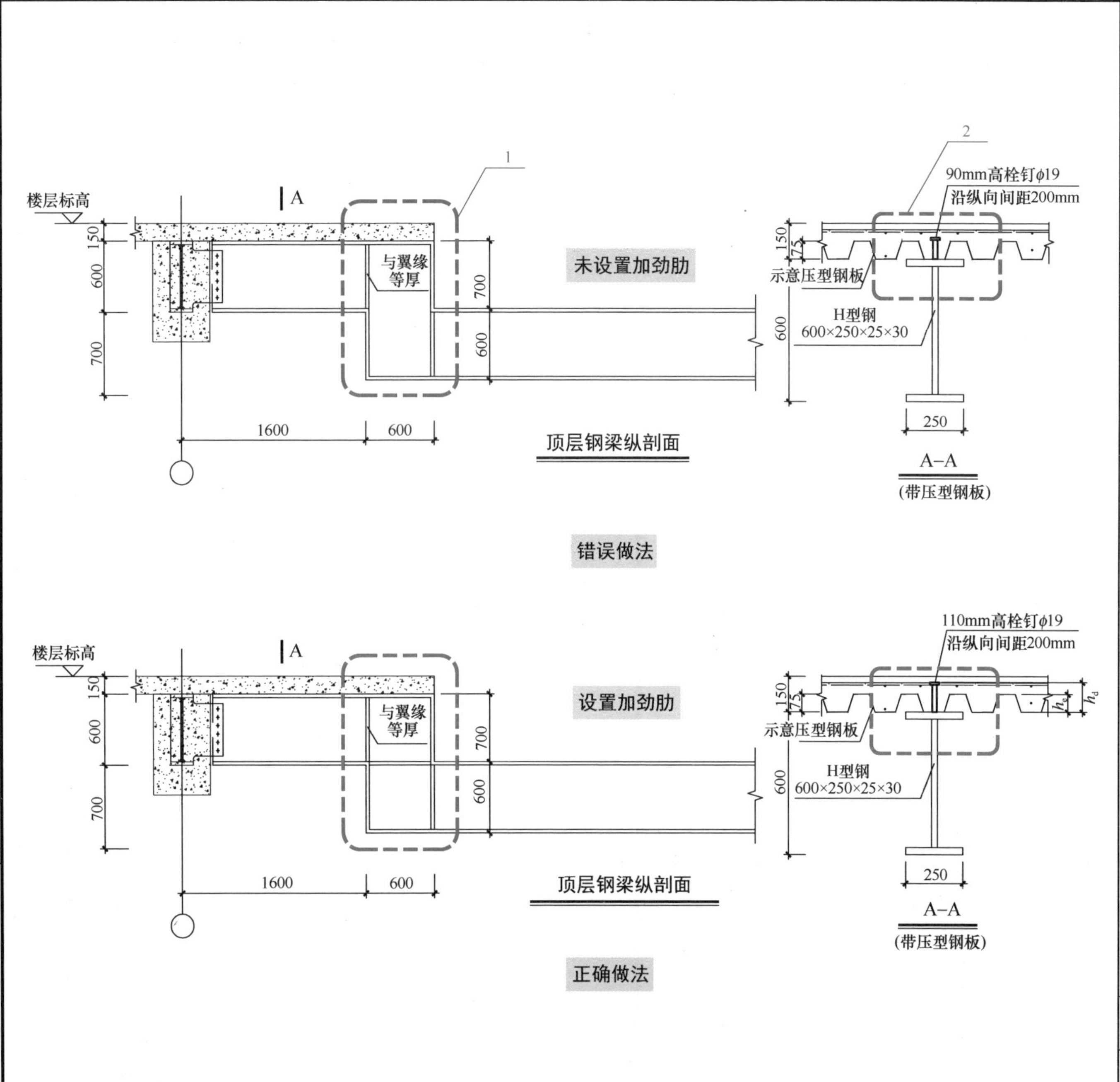

【问题说明】

1. 钢梁弯折处宜设置横向加劲肋，保证传力的可靠性及转折区域的稳定。

2. A-A 剖面钢梁顶焊钉 90mm 高，不能满足规范构造要求。

【问题解析】

1. 折梁转折区域受力较为复杂，宜设置横向加劲板，不仅可保证两侧梁翼缘板受力的有效传递，也加强了转折区域的稳定性。

2.《钢结构设计标准》GB 50017—2017 第 14.7.5.4 条规定，用压型钢板作底模的组合梁，焊钉高度应高出混凝土凸肋高度不小于 30mm。另依据规范第 14.7.4.2 条要求，焊钉顶面的混凝土保护层厚度尚不应小于 15mm。

结构类型	
钢结构	
问题分类	
结构构造. 梁	
页码	
3.3-9	

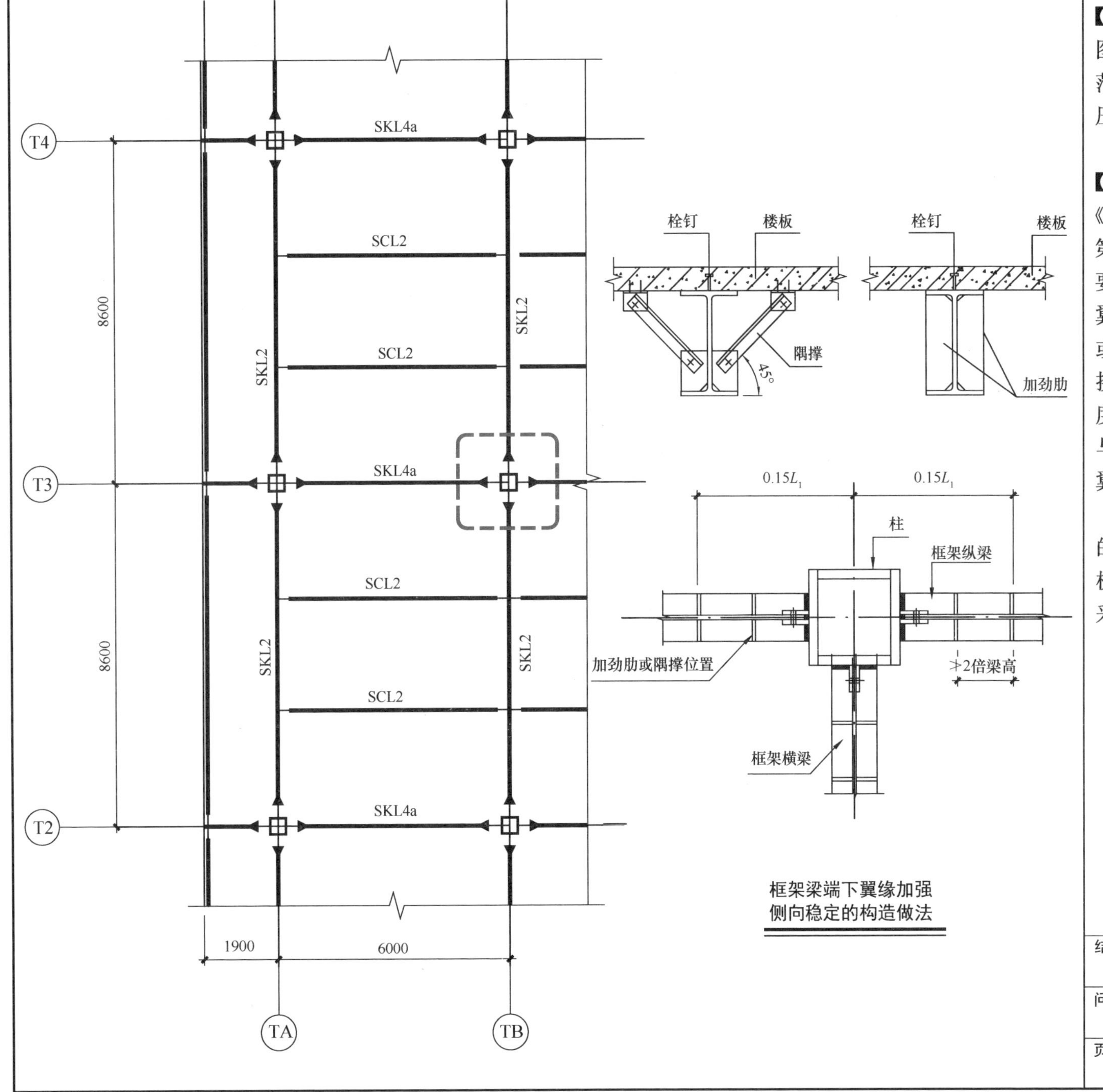

框架梁端下翼缘加强侧向稳定的构造做法

【问题说明】

图示钢框架梁柱刚接节点处，未按规范要求于钢框架梁端采取措施保证受压翼缘的稳定性。

【问题解析】

《钢结构设计标准》GB 50017—2017第6.2.7条，给出了下翼缘稳定计算要求。框架梁端应采取措施保证受压翼缘的稳定性，当梁顶有混凝土楼板或组合楼板并与钢梁通过栓钉可靠连接时，可采用沿梁长0.15倍计算跨度范围内设置间距不大于2倍梁高并与梁等宽的横向加劲肋，或在主梁下翼缘与楼板间设置隅撑的方式加强。

传统的框架梁之间设置水平隅撑的方式，占用空间大，对建筑功能和机电安装影响较大，不建议首选采用。

结构类型	
钢结构	BIAD 结构施工图常见问题解析
问题分类	
结构构造．梁	北京市建筑设计研究院有限公司 BEIJING INSTITUTE OF ARCHITECTURAL DESIGN
页码	
3.3-10	

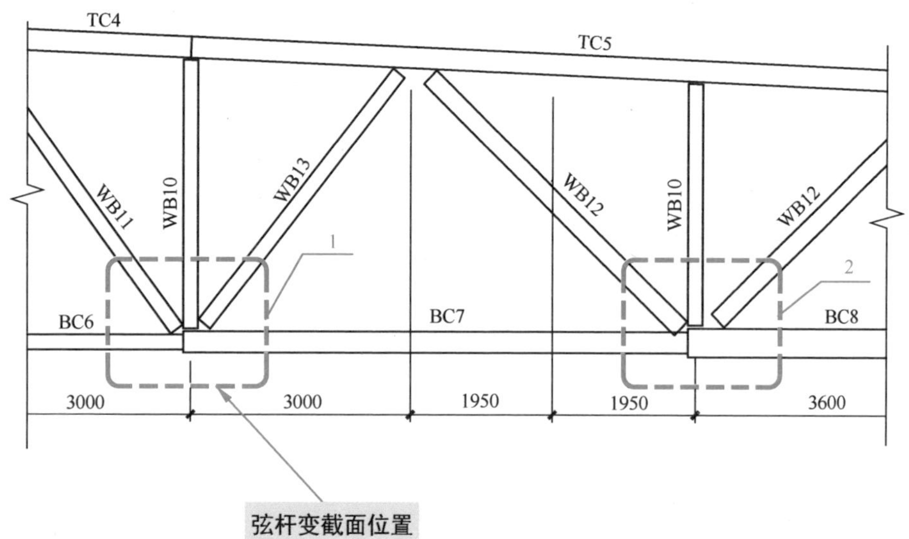

弦杆变截面位置

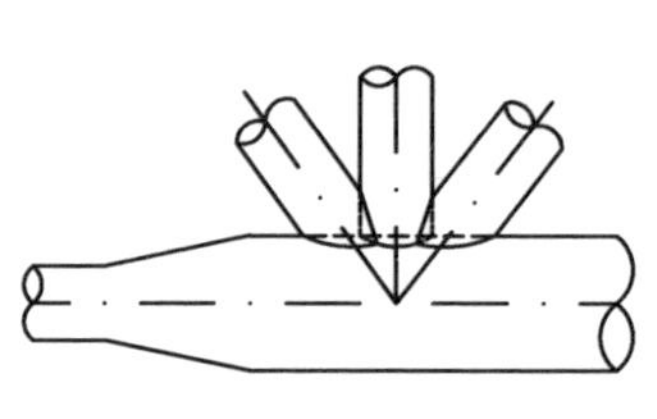
弦杆变截面做法

杆件表		
编号	截面尺寸(mm)	备注
TC4	P325×16	圆钢管
TC5	P325×12	圆钢管
BC6	P245×12	圆钢管
BC7	P325×12	圆钢管
BC8	P426×20	圆钢管
WB10	P245×12	圆钢管
WB11	P245×8	圆钢管
WB12	P299×12	圆钢管
WB13	P245×12	圆钢管

2

【问题说明】

1. 图中桁架下弦杆在节点处变换截面不能满足受力要求。

2. 图中桁架下弦杆 BC7 与 BC8 截面差异不能满足规范规定，变换截面位置也不能满足受力要求。

【问题解析】

1. 根据《钢结构设计标准》GB 50017—2017 第 12.1.2 条，节点设计应传力可靠，减少应力集中。如果恰好在节点处沿传力方向变换截面，无法满足节点受力要求。变截面位置应错过节点区在构件截面较小一侧。

2. 根据《空间网格结构技术规程》JGJ 7—2010 第 5.1.5 条规定，受力方向相邻的弦杆截面面积之比不宜超过 1.8 倍，空间网格结构杆件当其内力分布变化较大时，如杆件按满应力设计，会造成沿受力方向相邻杆件规格过于悬殊，从而产生刚度突变。有关变截面位置的问题见第 1 条问题的解析。

结构类型	
钢结构	
问题分类	
结构构造. 桁架	
页码	
3.4-1	

北京市建筑设计研究院有限公司
BEIJING INSTITUTE OF ARCHITECTURAL DESIGN

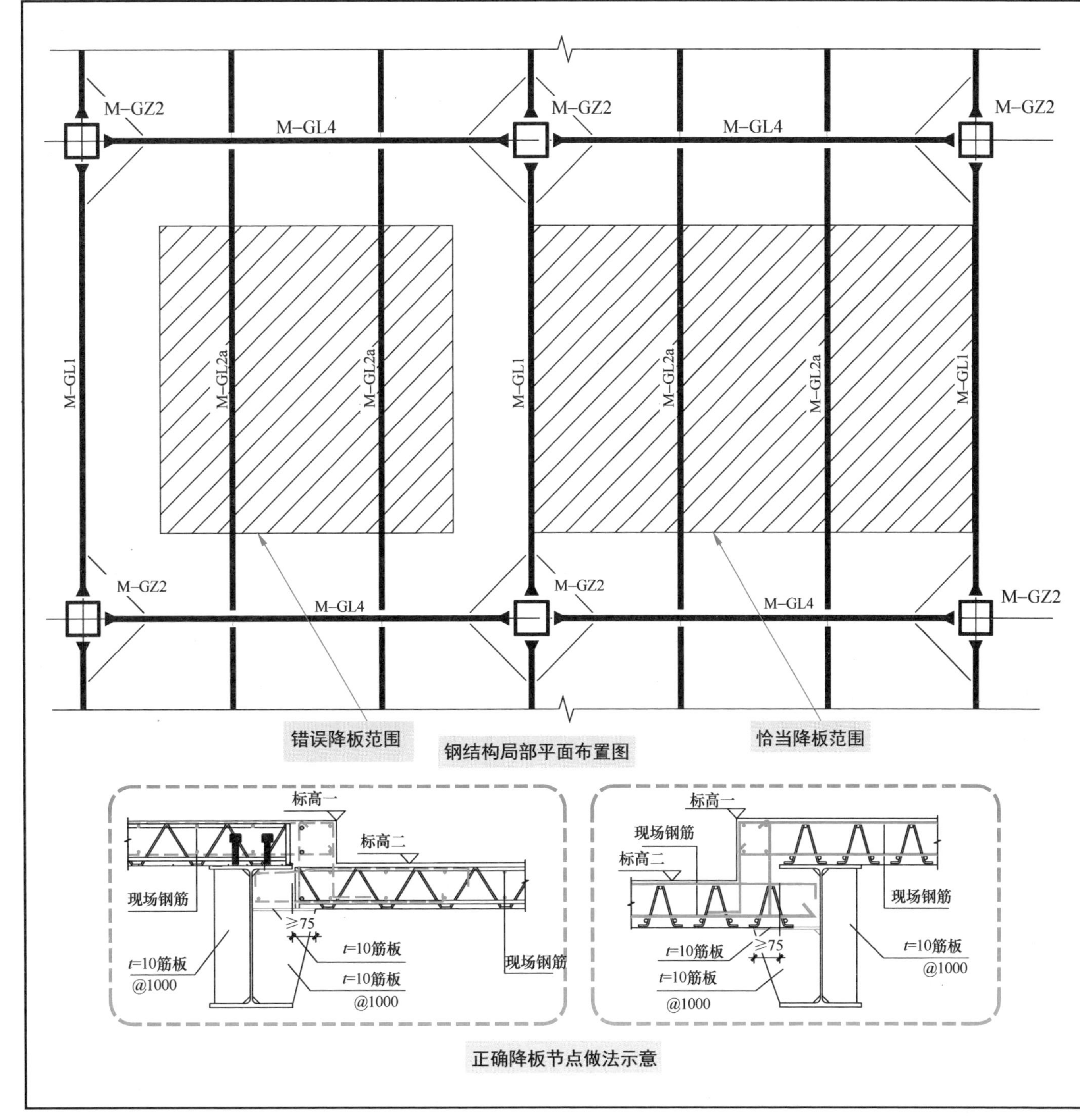

正确降板节点做法示意

【问题说明】

结构采用钢承板楼板时，降板范围依照建筑要求布置，未考虑钢承板排布的可行性。

【问题解析】

降板边缘与钢承板布置方向垂直时，一般情况需要设置梁，平行时需要布置侧模。可适当加大降板范围（如图所示），也可以局部调整次梁的布置。

结构类型	钢结构
问题分类	结构构造. 板
页码	3.5-1

BIAD 结构施工图 常见问题解析

北京市建筑设计研究院有限公司 BEIJING INSTITUTE OF ARCHITECTURAL DESIGN

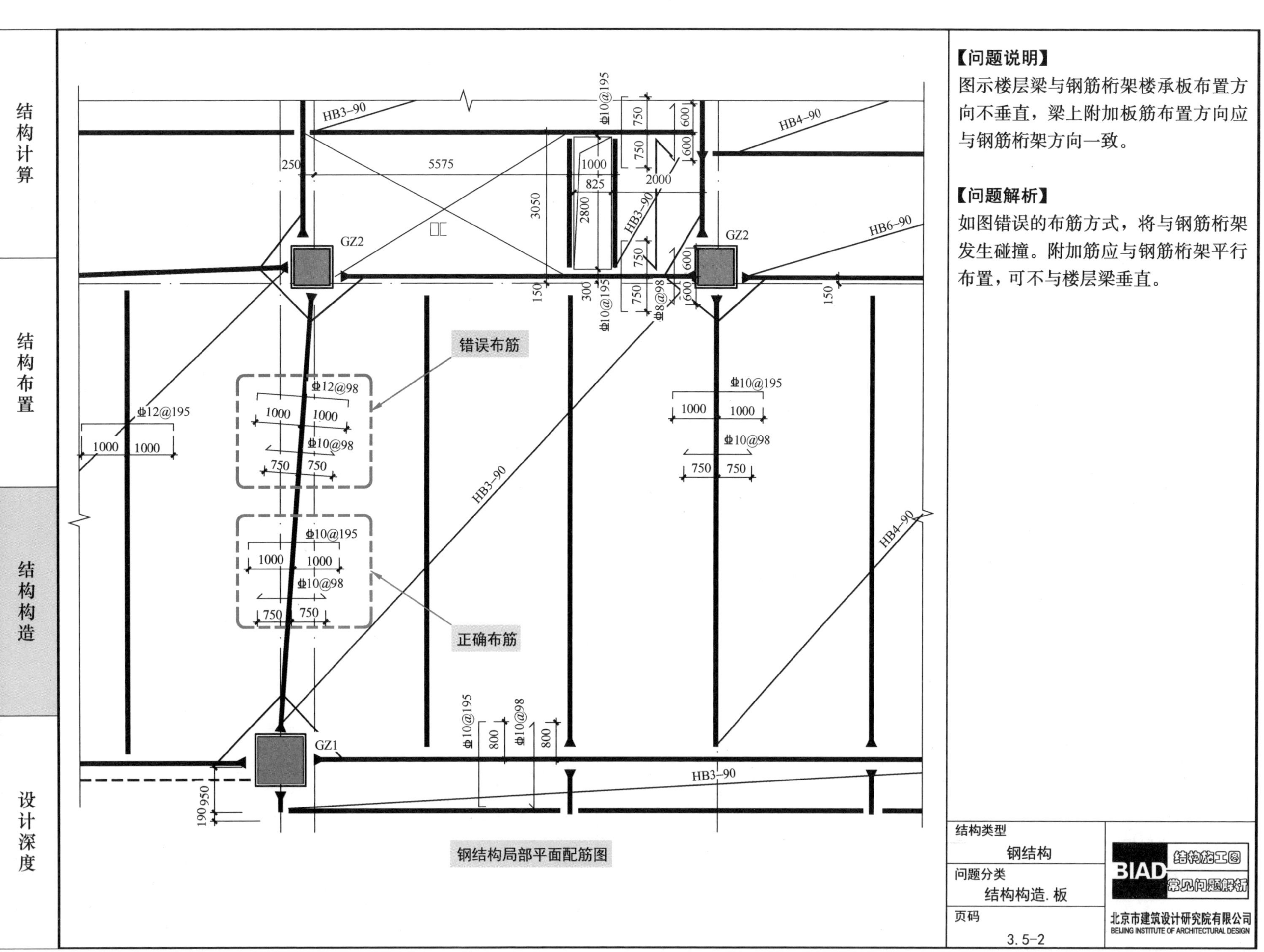

钢结构局部平面配筋图

【问题说明】

图示楼层梁与钢筋桁架楼承板布置方向不垂直，梁上附加板筋布置方向应与钢筋桁架方向一致。

【问题解析】

如图错误的布筋方式，将与钢筋桁架发生碰撞。附加筋应与钢筋桁架平行布置，可不与楼层梁垂直。

结构类型	钢结构
问题分类	结构构造. 板
页码	3.5-2

BIAD 结构施工图常见问题解析

北京市建筑设计研究院有限公司
BEIJING INSTITUTE OF ARCHITECTURAL DESIGN

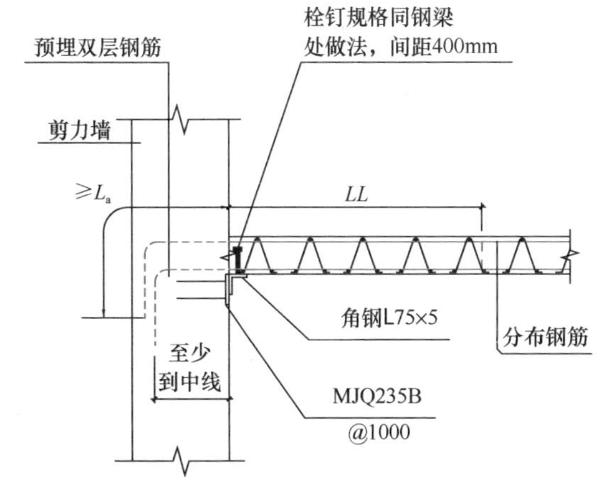

与剪力墙连接节点一

用于楼承板平行于剪力墙铺设时

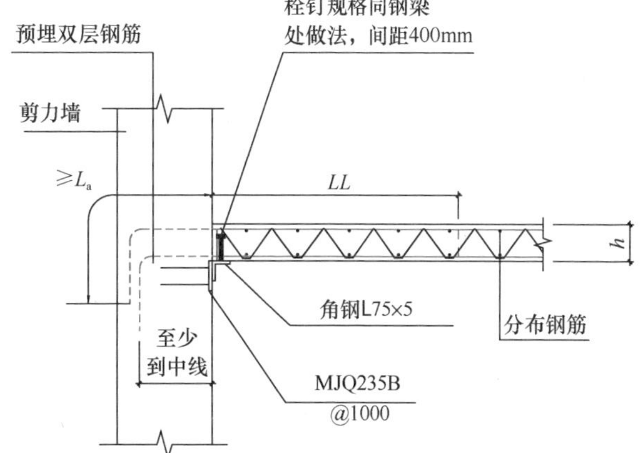

与剪力墙连接节点二

用于楼承板垂直于剪力墙铺设时

错误做法

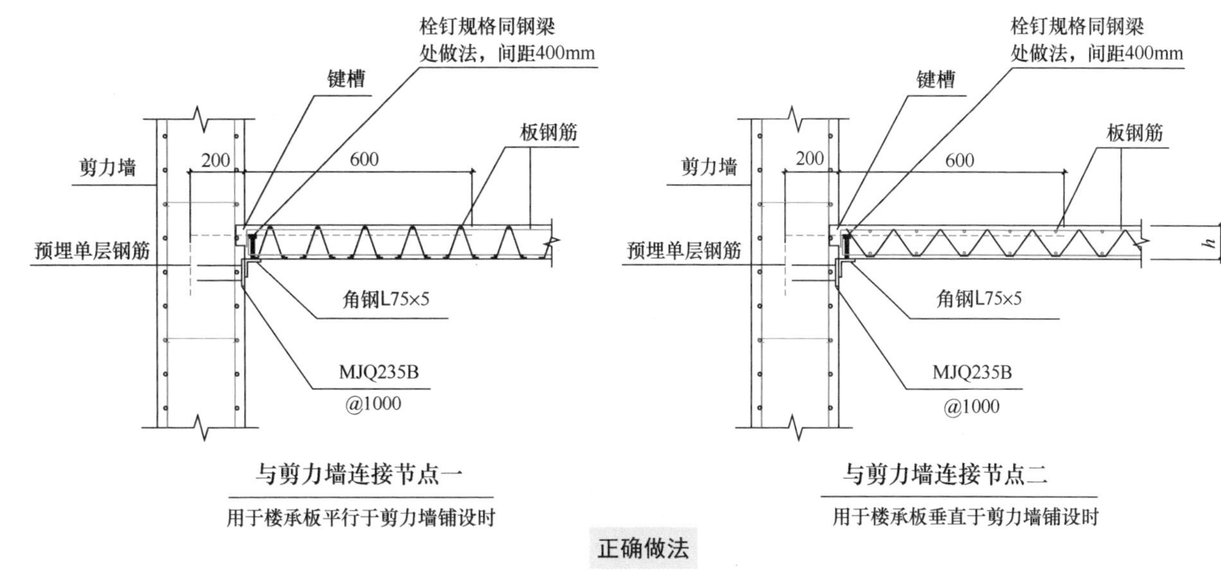

与剪力墙连接节点一

用于楼承板平行于剪力墙铺设时

与剪力墙连接节点二

用于楼承板垂直于剪力墙铺设时

正确做法

【问题说明】

图示剪力墙内预留双层钢筋与钢筋桁架楼层板内板筋连接做法，施工难度大，质量难以保证。

【问题解析】

剪力墙内预留双层钢筋与组合楼板上下钢筋连接做法，施工时在墙体先行浇筑阶段将预留钢筋弯入墙体模板，待施工楼板时再剔出钢筋，由于预留钢筋数量较多，使施工难度大，质量难以保证。

由于楼板支座处板上皮受拉，下皮受压，故可于墙中仅预留单层钢筋与组合楼板上筋连接，并在钢筋位置设一个键槽，剪力墙合模时钢筋弯入键槽，待施工楼板时钢筋拉直进行搭接连接。此做法减少了预留钢筋数量，减少了施工难度，连接处设置的键槽提高了二次浇筑混凝土新旧界面的受剪承载力。

结构类型	
钢结构	
问题分类	
结构构造. 板	
页码	
3.5-3	

北京市建筑设计研究院有限公司
BEIJING INSTITUTE OF ARCHITECTURAL DESIGN

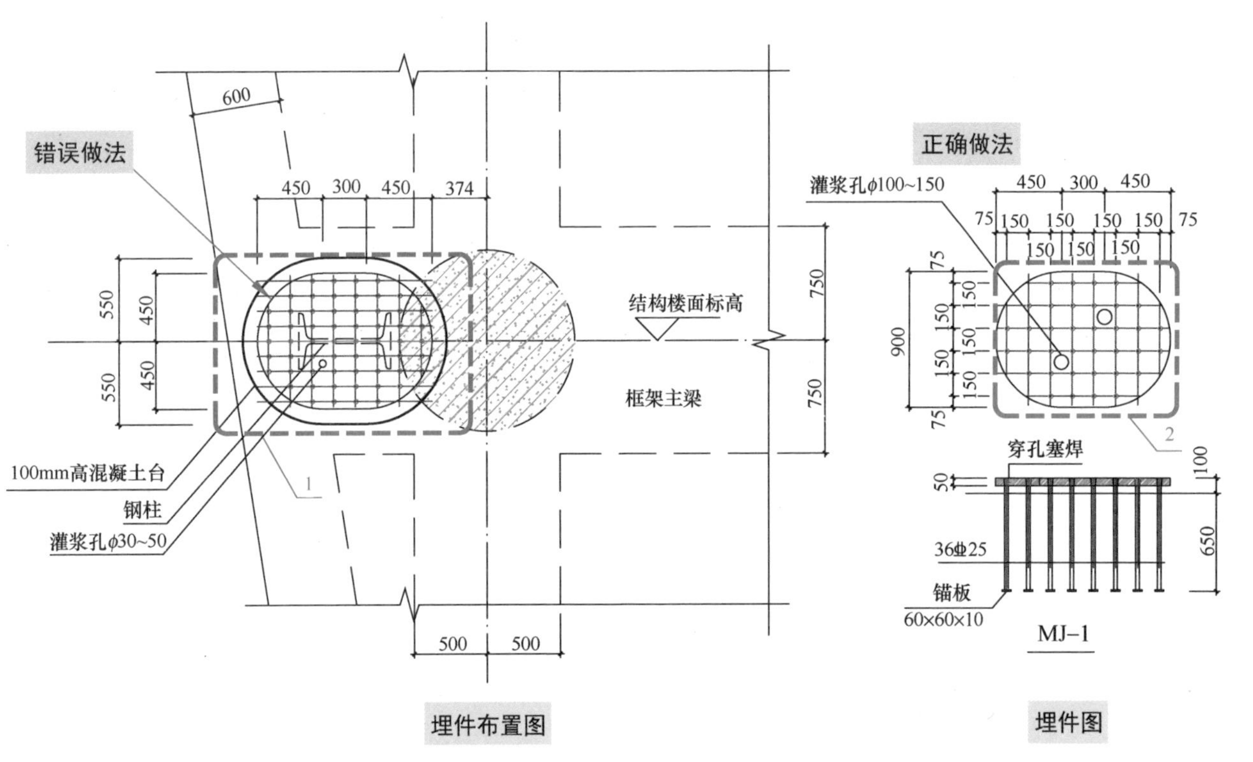

埋件布置图

埋件图

【问题说明】

1. 原设计钢柱脚埋件在混凝土构件中的锚筋数量多、间距密集，其位置又为梁柱支座节点处，锚筋下插施工难度大。

2. 钢柱脚埋件尺寸大，原设计仅布置一个灌浆孔且孔径较小，灌浆施工密实性难以保证。

【问题解析】

1. 原设计埋件的锚筋布置未考虑梁柱钢筋的影响，尤其梁柱节点钢筋较密集，施工时难以下插锚筋，现场处理困难。

2. 埋件尺寸较大，原设计灌浆孔较小且数量不足，使混凝土浇筑困难，密实性难以保证。

设计中，应充分考虑施工的可行性及便利性以确保工程质量，对于受力较大、重要构件的预埋，应充分考虑各种不利因素的影响。

结构类型	
钢结构	
问题分类	
结构构造. 支座	
页码	
3.6-1	

北京市建筑设计研究院有限公司
BEIJING INSTITUTE OF ARCHITECTURAL DESIGN

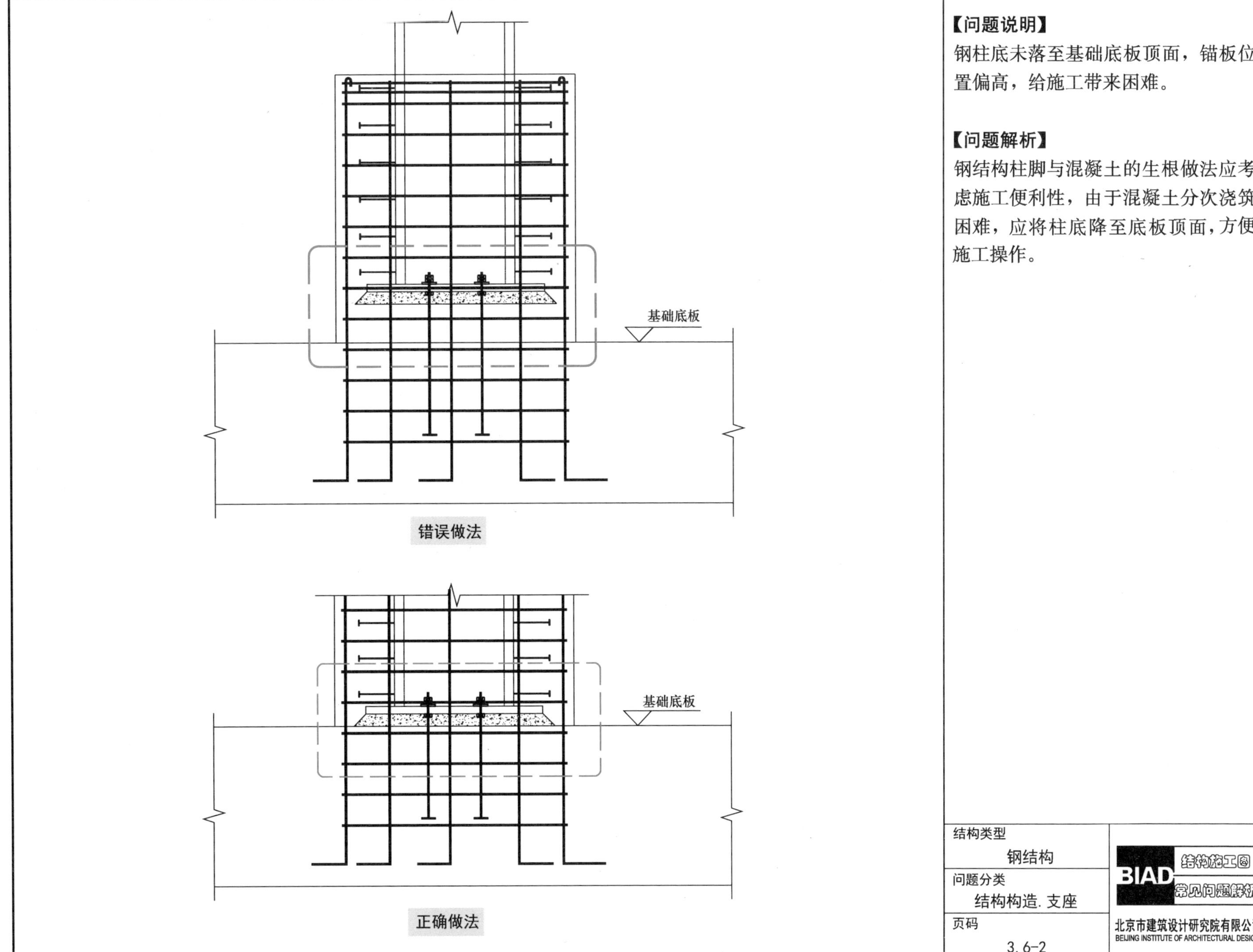

【问题说明】

钢柱底未落至基础底板顶面，锚板位置偏高，给施工带来困难。

【问题解析】

钢结构柱脚与混凝土的生根做法应考虑施工便利性，由于混凝土分次浇筑困难，应将柱底降至底板顶面，方便施工操作。

结构类型	
钢结构	
问题分类	
结构构造. 支座	
页码	
3.6-2	

支座参数表

支座类型	竖向压力(kN)	竖向拔力(kN)	X向剪力(kN)	Y向剪力(kN)	极限转角(rad)
固定铰支座	530	0	96	96	0.02

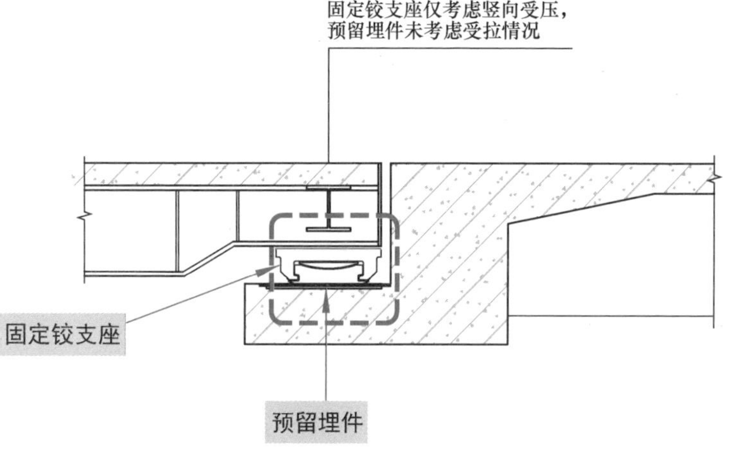

连桥支座简图

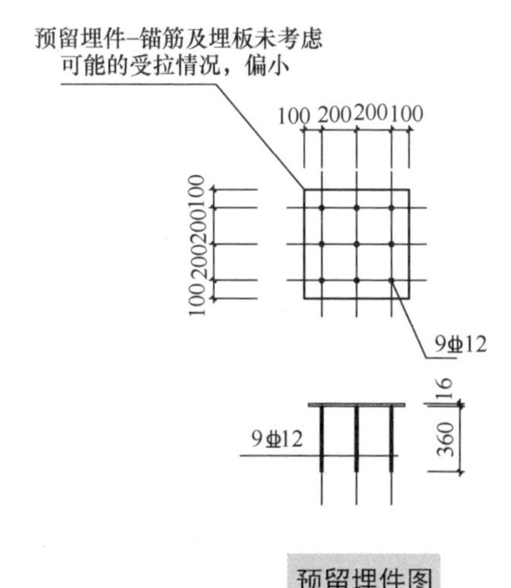

预留埋件图

【问题说明】

图示工程抗震设防烈度 8 度，大跨钢钢屋盖采用固定铰支座，预留埋件设计时未考虑可能的受拉工况，不满足规范要求。

【问题解析】

根据《建筑抗震设计规范》GB 50011—2010(2016 年版)第 10.2.16.3 条，8、9 度时，多遇地震下只承受竖向压力的支座，宜采用拉压型构造。规范规定主要是考虑到对于 8、9 度时多遇地震下竖向仅受压的支座节点，在中震、大震下可能出现受拉，因此建议采用构造上也能承受拉力的拉压型支座形式，预埋锚筋、锚栓也应按受拉工况进行设计及构造。

结构类型	钢结构
问题分类	结构构造. 支座
页码	3.6-3

北京市建筑设计研究院有限公司
BEIJING INSTITUTE OF ARCHITECTURAL DESIGN

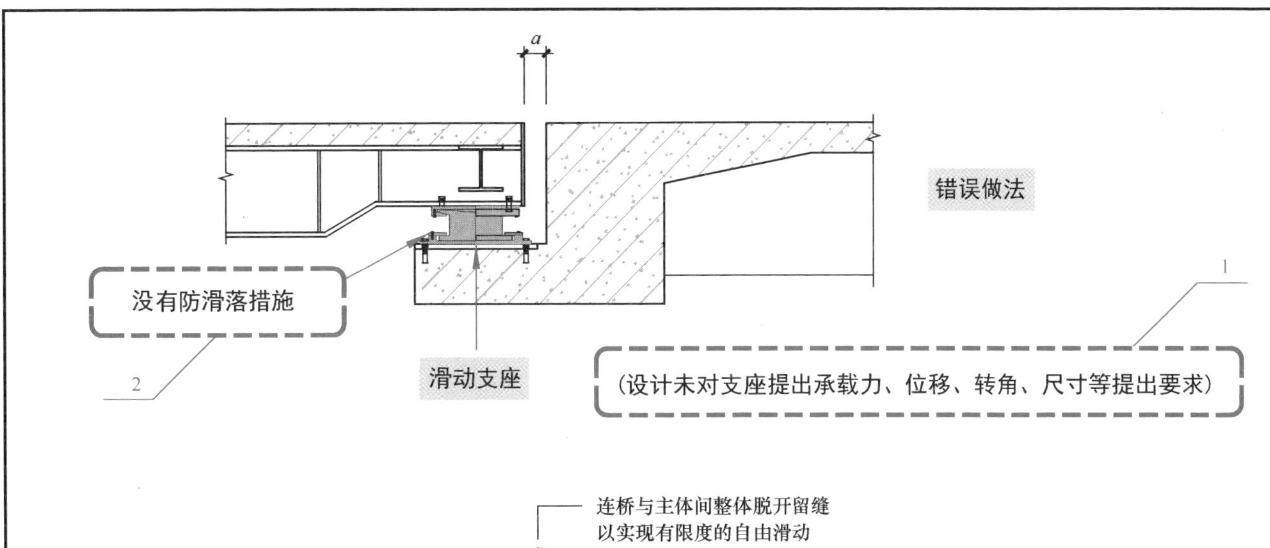

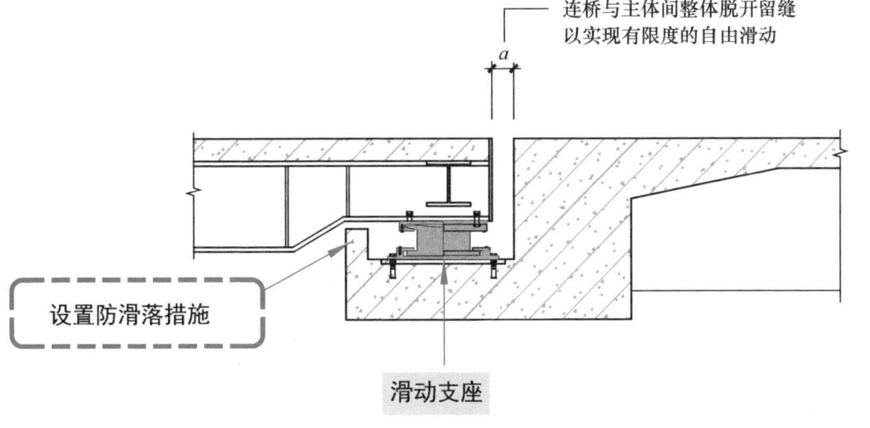

连桥支座简图

滑动支座参数表

支座类型	编号	竖向最大压力(kN)	竖向最大拉力(kN)	X水平向剪力(kN)	Y水平向剪力(kN)	X水平向极限位移(mm)	Y水平向极限位移(mm)	极限转角(rad)
双向滑动支座	ZZ1	1300	200	0	0	100	100	0.03

注：1. 本工程采用的抗震球铰支座设计使用年限为50年;

2. 支座需采取防护措施，防止灰尘进入支座内;

3. 支座上支座板尺寸直径不大于1200mm,下支座板尺寸直径不大于800mm,支座高度为300mm。

【问题说明】

1. 原设计大跨钢连桥采用滑动支座，遗漏其承载力、位移、转角、尺寸等设计要求。

2. 未依照规范要求设置限位构造。

【问题解析】

1. 根据《建筑抗震设计规范》GB 50011—2010（2016年版）第10.2.16.1条，支座应具有足够的强度和刚度，在荷载作用下不应先于杆件和其他节点破坏，也不得产生不可忽略的变形。支座节点构造形式应传力可靠、连接简单，并符合计算假定。施工图应根据计算结果，给出支座成品性能（承载力、位移、转角等）的要求。

2. 根据《建筑抗震设计规范》GB 50011—2010（2016年版）第10.2.16.2条，对于水平可滑动的支座，应保证屋盖在罕遇地震下的滑移不超出支承面，并应采取限位措施。

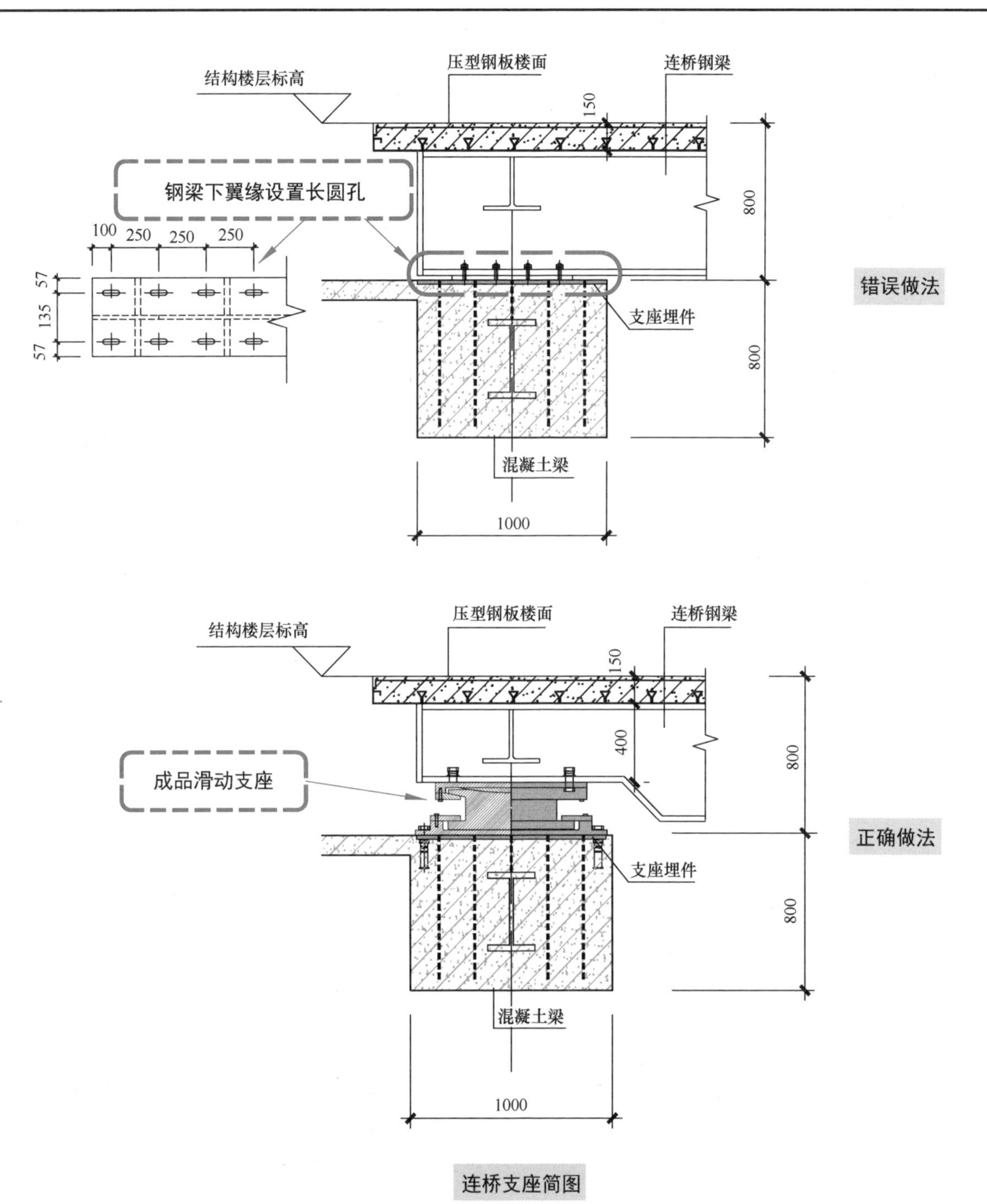

连桥支座简图

【问题说明】

原计算假定连桥与主体脱开形成两个单体，但连桥支座设计为长圆孔方式，可滑移量值不能满足受力、变形要求，与计算假定不符。

【问题解析】

根据《建筑抗震设计规范》GB 50011—2010(2016年版)第10.2.16条的条文解释，建议按设防烈度计算值作为可滑动支座的位移限值(确定支撑面的大小)，以保证地震下结构的安全。原设计做法由于长圆孔的孔径尺寸有限，滑移量不大，当滑移受限时，下部支撑结构及连桥相互间受到约束力的影响，与计算假定不符，造成安全隐患。建议采用成品的滑移支座，通过计算分析，提出明确的支座参数要求。

长圆孔做法多用于消除安装误差。

结构类型	
钢结构	
问题分类	
结构构造. 支座	
页码	
3.6-5	

BIAD 结构施工图 常见问题解析
北京市建筑设计研究院有限公司
BEIJING INSTITUTE OF ARCHITECTURAL DESIGN

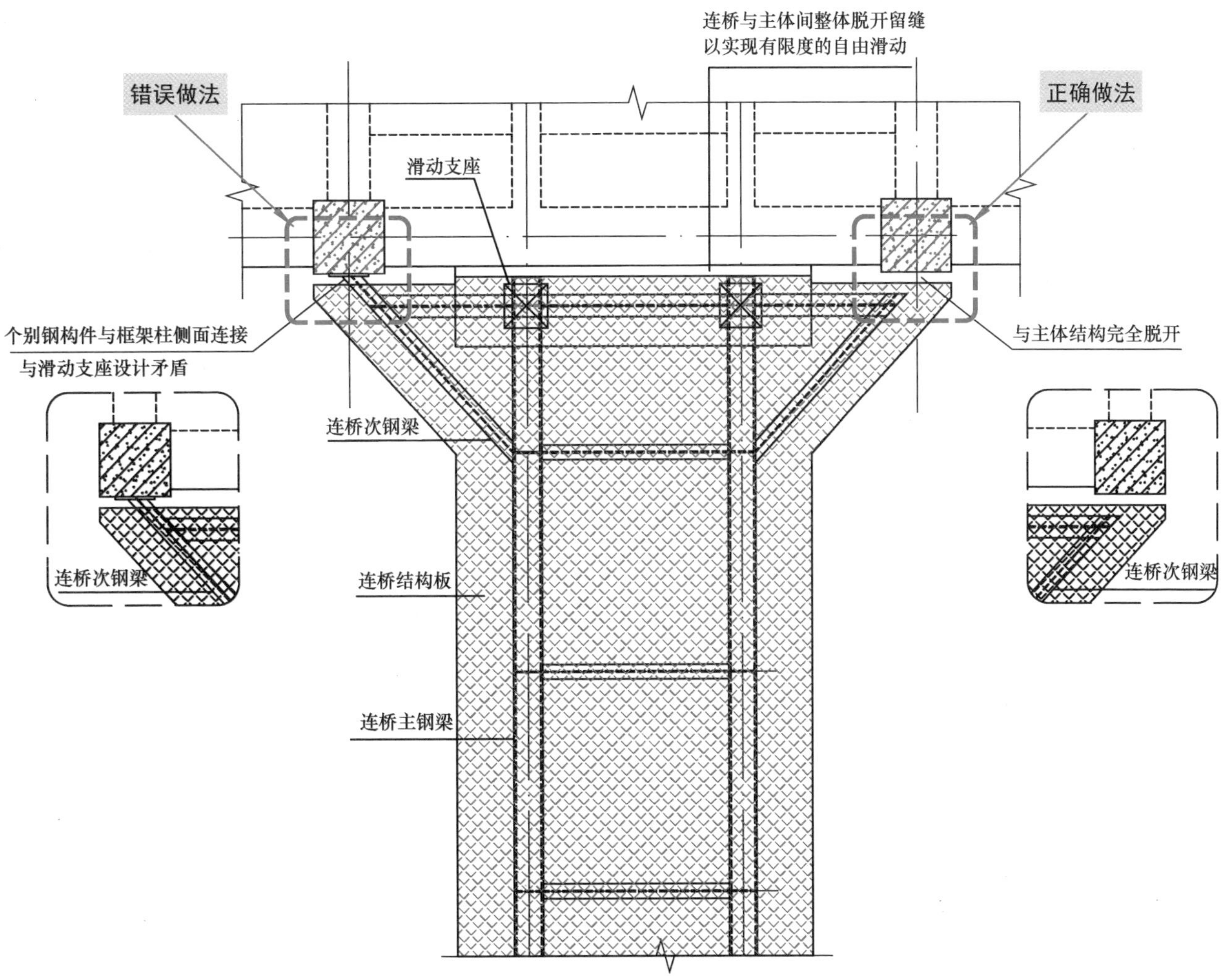

连桥与主体间整体脱开留缝
以实现有限度的自由滑动

错误做法

正确做法

滑动支座

个别钢构件与框架柱侧面连接
与滑动支座设计矛盾

与主体结构完全脱开

连桥次钢梁

连桥次钢梁

连桥次钢梁

连桥结构板

连桥主钢梁

连桥平面布置简图

【问题说明】

原设计连桥与相邻主体按两个单体计算假定，故连桥主钢梁在主体一侧的支座设计为滑动支座。而将连桥次钢梁与主体框架柱固定连接做法，实际受力与两个单体计算假定不符。

【问题解析】

连桥次钢梁与主体框架柱的固定连接限制了两个单体的自由变形，实际受力情况与计算假定不符，存在安全隐患。当采用滑动支座时，连桥的滑动侧应全部与主体结构脱开，同时建筑地面、立面等维护结构应有相应的措施允许结构自由变形。

结构类型
钢结构
问题分类
结构构造. 支座
页码
3.6-6

北京市建筑设计研究院有限公司
BEIJING INSTITUTE OF ARCHITECTURAL DESIGN

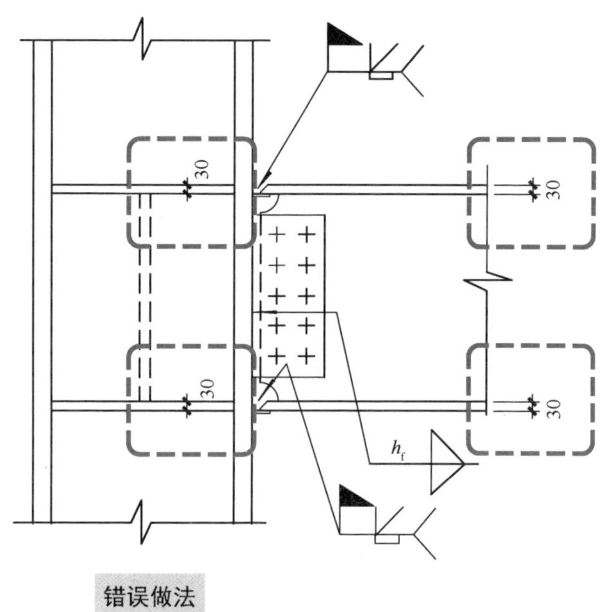

错误做法

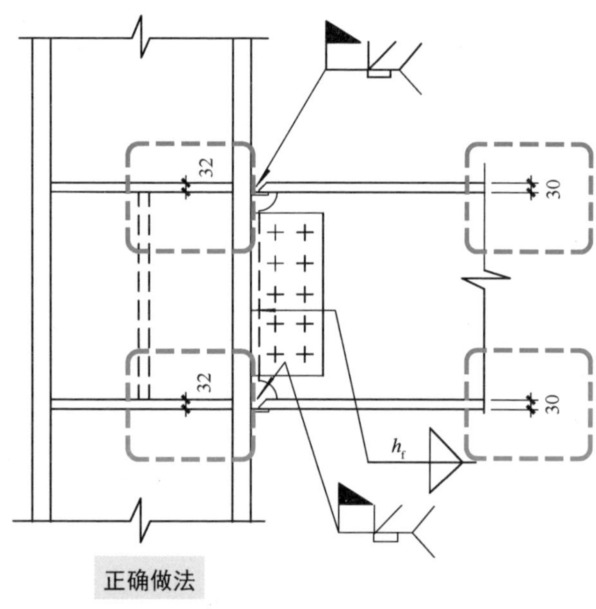

正确做法

【问题说明】

抗震区高层建筑梁柱刚接节点，柱内加劲板（隔板）厚度与梁翼缘厚度相同，不满足规范要求。

【问题解析】

考虑到板厚存在的公差，以及板件连接存在偏心，根据《高层民用建筑钢结构技术规程》JGJ 99—2015 第 8.3.6 条要求，梁柱刚接节点应在梁翼缘的对应位置设置水平加劲肋（隔板），对抗震设计的结构，水平加劲肋应比梁翼缘厚 2mm。

结构类型	
钢结构	
问题分类	
结构构造. 节点	
页码	
3.7-1	

北京市建筑设计研究院有限公司
BEIJING INSTITUTE OF ARCHITECTURAL DESIGN

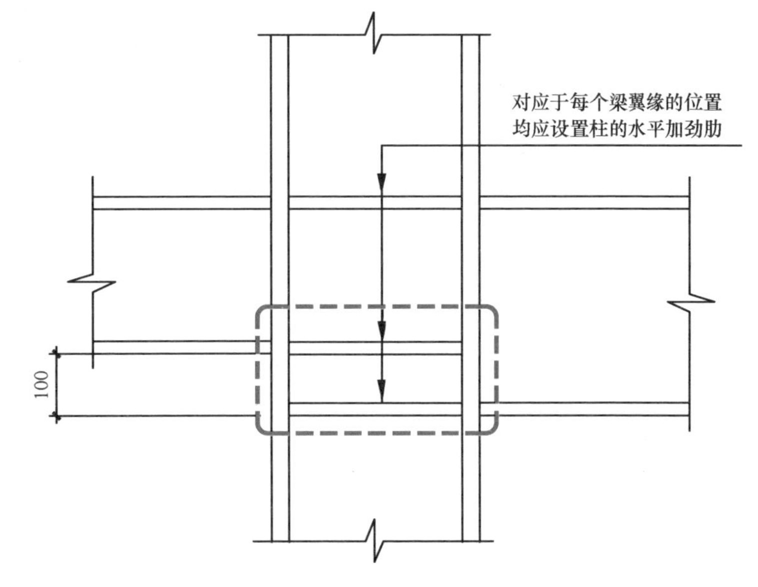

不等高梁与柱刚性连接做法（一）

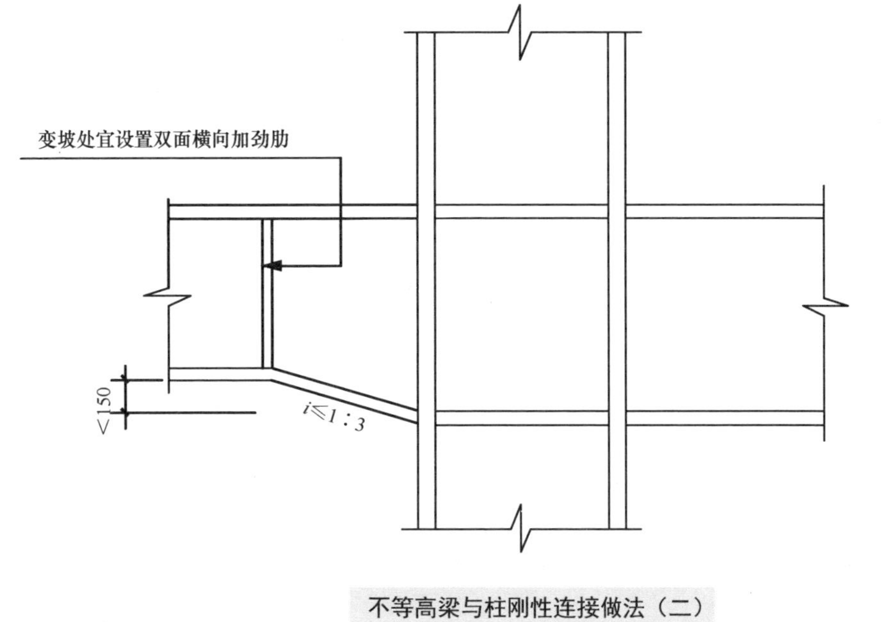

不等高梁与柱刚性连接做法（二）

【问题说明】

钢柱两侧钢梁高相差 100mm，“不等高梁与柱刚接连接做法（一）”大样中在柱内设置两道距离很近的水平加劲肋板不满足规范构造要求。

【问题解析】

根据《高层民用建筑钢结构技术规程》JGJ 99—2015 第 8.3.7 条要求，水平加劲肋间距不应小于 150mm，且不应小于水平加劲肋的宽度。柱内水平加劲肋距离过近，会导致焊接操作困难、不利于材料节约。当柱两侧梁的高度不同，且相差不大时，宜采取调整梁端部高度，将截面高度较小的梁腹板局部加高，端部翼缘的坡度按 1∶3设计，参见“不等高梁与柱刚接连接做法（二）”大样。

结构类型	
钢结构	
问题分类	
结构构造. 节点	
页码	
3.7-2	

北京市建筑设计研究院有限公司
BEIJING INSTITUTE OF ARCHITECTURAL DESIGN

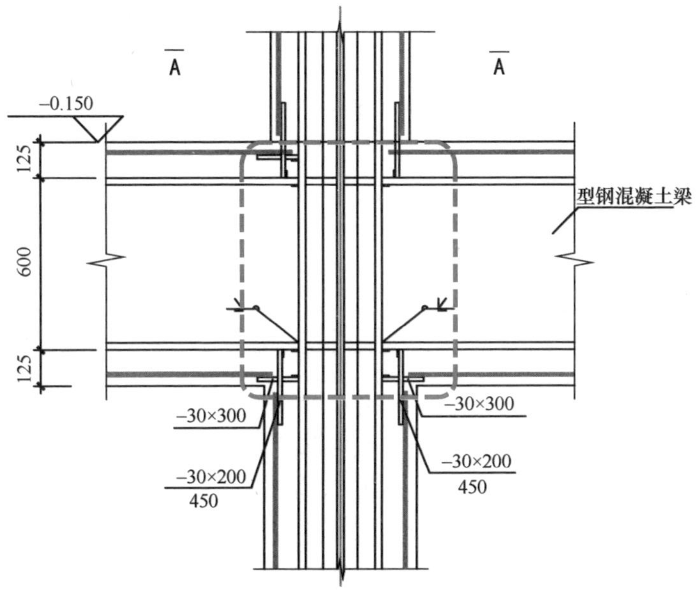

错误做法

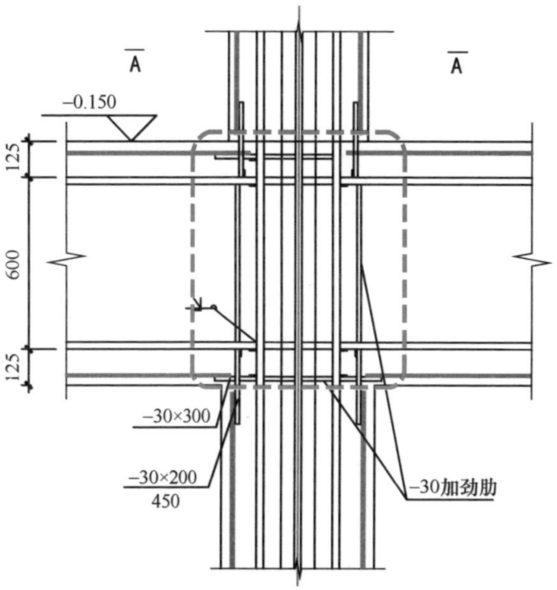

正确做法

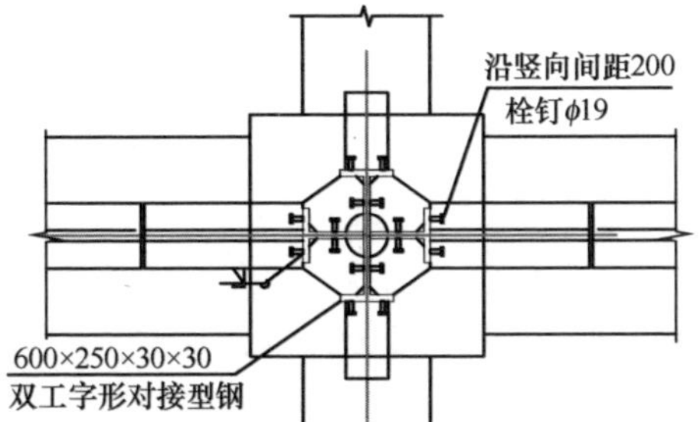

A-A

【问题说明】

型钢混凝土梁柱节点处因钢骨影响不能贯通的梁、柱纵筋，应通过于梁、柱的钢骨内布置加劲肋板保证钢筋受力的有效传递。

【问题解析】

应在对应梁受力纵筋和柱纵筋位置处，于钢骨中布置水平和竖向加劲肋板，保证钢筋受力有效传递，并加强传力构件的局部稳定性。加劲肋之间应有足够的净距，以满足焊接施工要求。

设计时应合理控制型钢混凝土构件中钢骨的规格，尽可能减少型钢混凝土梁钢筋层数（宜为一层），当纵筋层数多于两层时，应充分预判，避免因构造不合理，导致现场节点施工质量无法控制，影响结构的安全。

结构类型
钢结构
问题分类
结构构造.节点
页码
3.7-3

北京市建筑设计研究院有限公司
BEIJING INSTITUTE OF ARCHITECTURAL DESIGN

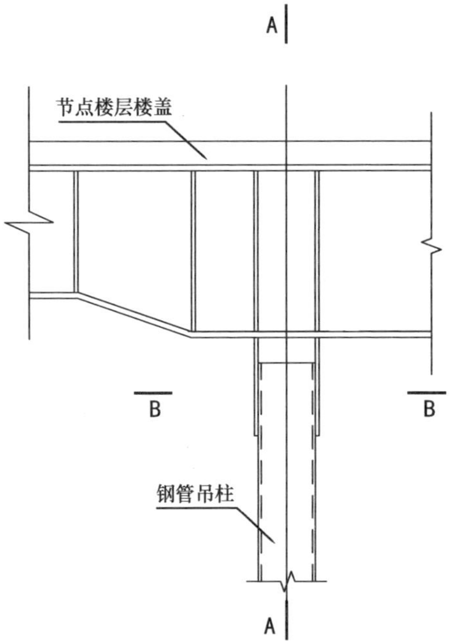

【问题说明】

图示吊柱采用方钢管，端部未采取闭合措施，不能满足耐久性要求。

【问题解析】

箱形梁、柱构件，在端部应采取封闭措施，如“A-A 正确做法”大样，以提高钢管的抗腐蚀能力。

BIAD 结构施工图 常见问题解析

吊杆上端节点大样

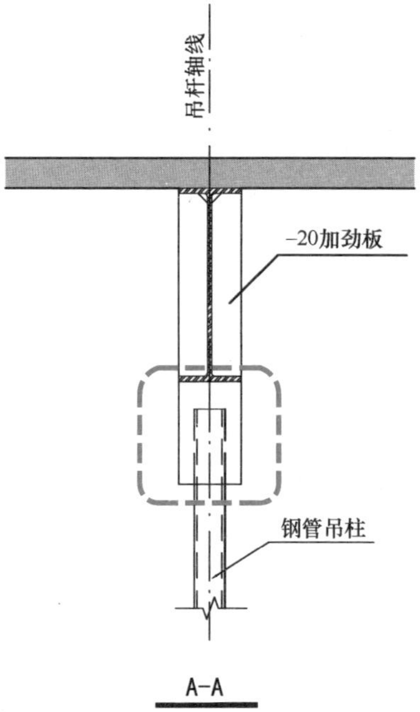

错误做法

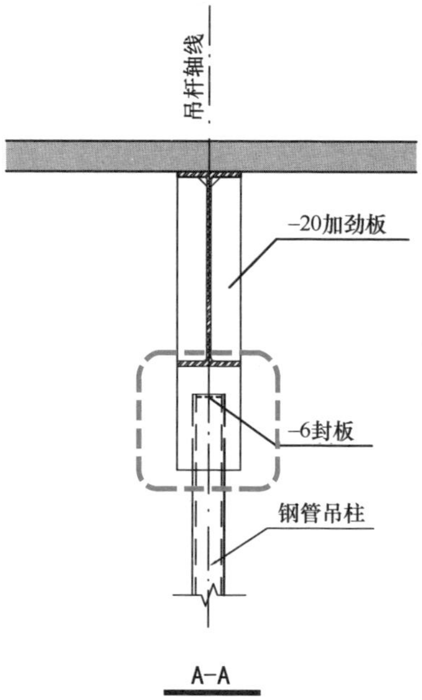

正确做法

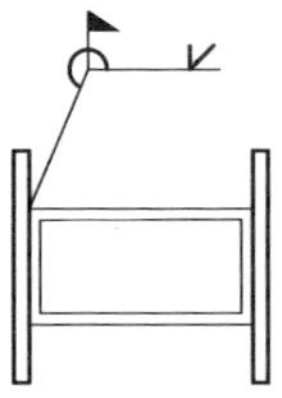

B-B

结构类型	
钢结构	
问题分类	
结构构造. 节点	
页码	
3.7-4	

北京市建筑设计研究院有限公司
BEIJING INSTITUTE OF ARCHITECTURAL DESIGN

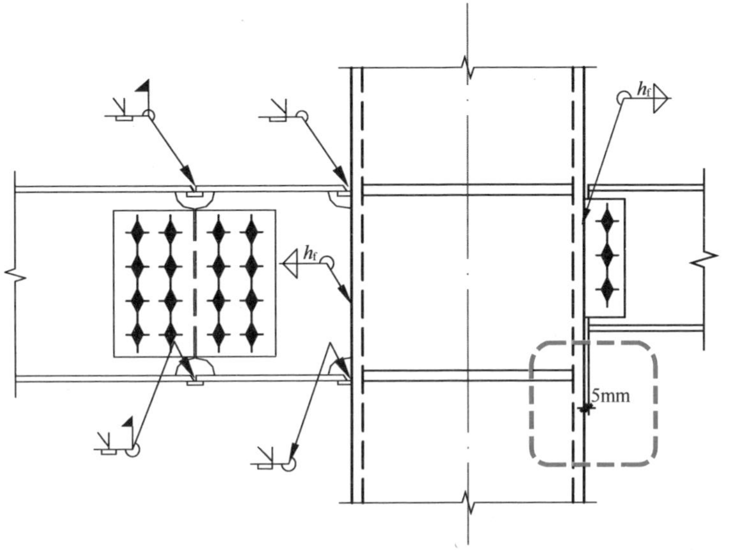

错误做法

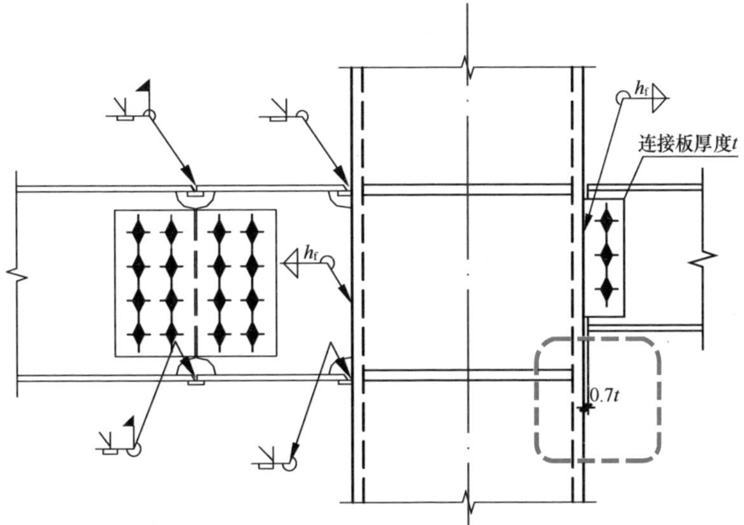

正确做法

【问题说明】

梁柱铰接节点处，梁端与柱外皮间隙5mm偏小。

【问题解析】

梁柱铰接连接时，应注意避让连接板与柱之间的焊缝，以保证连接板与钢梁腹板贴合密实。当连接板与柱身采用双面角焊缝连接时，预留的避让间隙可按连接板厚度的0.7倍考虑。

结构类型
钢结构
问题分类
结构构造. 节点
页码
3.7-5

北京市建筑设计研究院有限公司
BEIJING INSTITUTE OF ARCHITECTURAL DESIGN

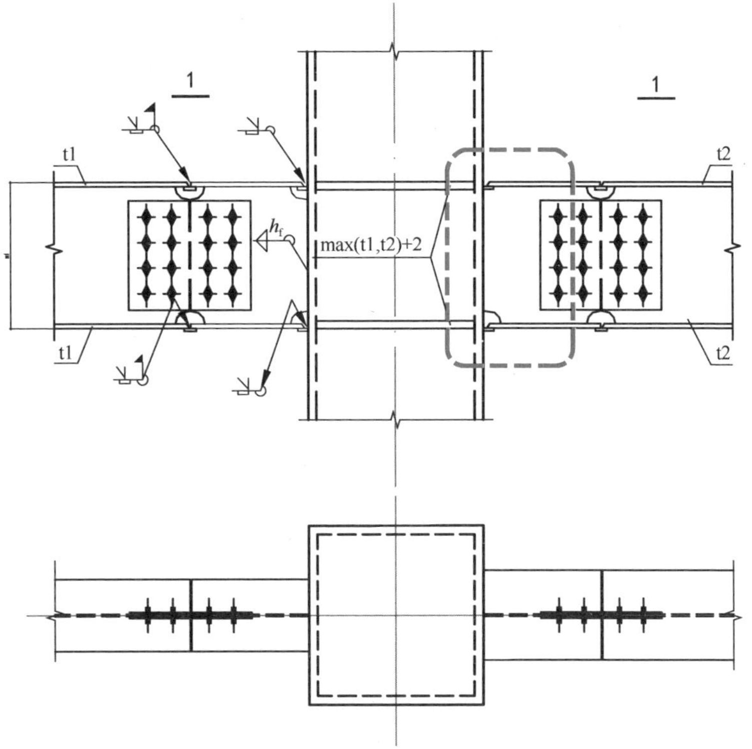

1

1

t1

t2

h_f

max(t1,t2)+2

t1

t2

1-1

错误做法

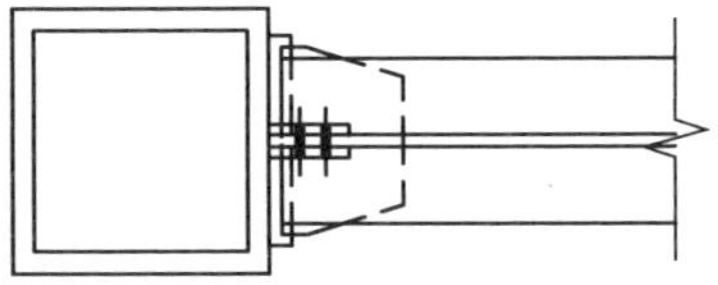

做法1

(盖板加强式)

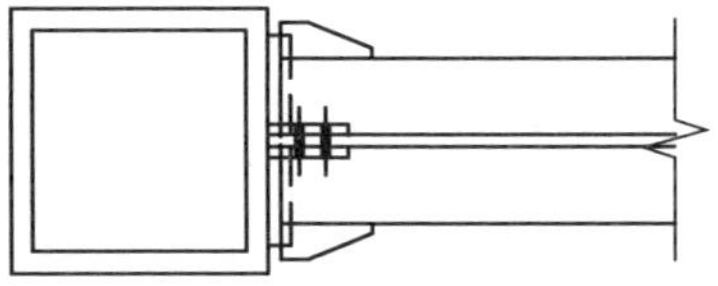

做法2

(翼缘加宽式)

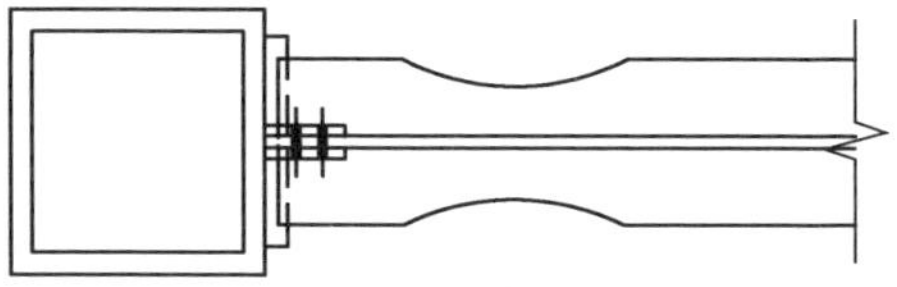

做法3

(狗骨削弱式)

正确做法

【问题说明】

图示结构抗震等级一级，梁柱刚性连接节点做法不符合抗震概念设计要求。

【问题解析】

根据《高层民用建筑钢结构技术规程》JGJ 99—2015 第 8.3.4 条文说明，钢结构抗震等级为一、二级时，梁柱刚接节点宜采用加强型连接或犬骨式连接，详见"正确做法 1"～"正确做法 3"大样，以达到提高节点延性，大震下塑性铰远离梁柱节点的设计目标。具体做法可参照《多、高层民用建筑钢结构节点构造详图》16G519 第 24～26 页的梁与柱加强型连接典型节点选择采用。

结构类型	
钢结构	
问题分类	
结构构造. 节点	
页码	
3.7-6	

北京市建筑设计研究院有限公司
BEIJING INSTITUTE OF ARCHITECTURAL DESIGN

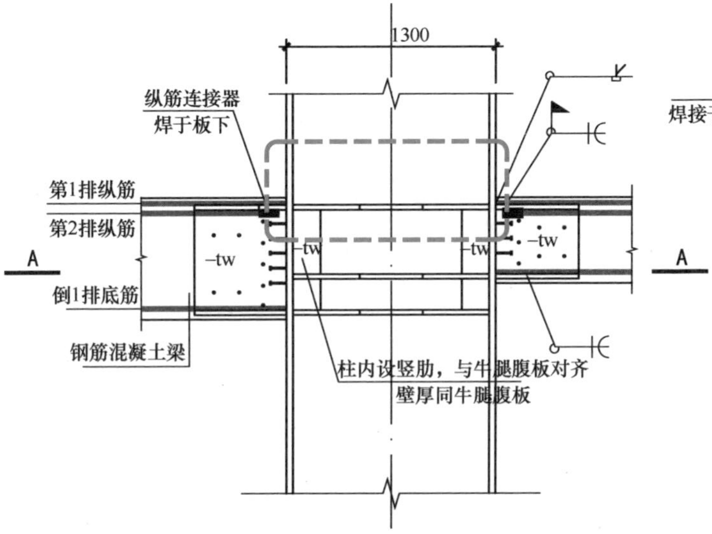

错误做法

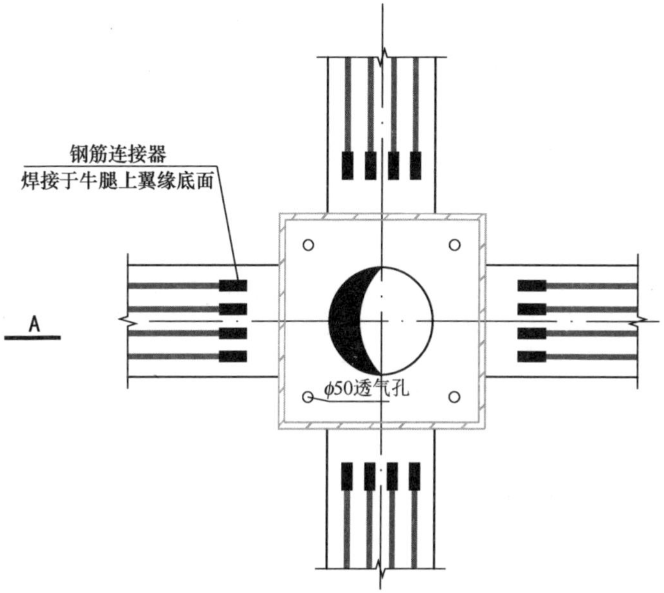

A-A
（错误做法）

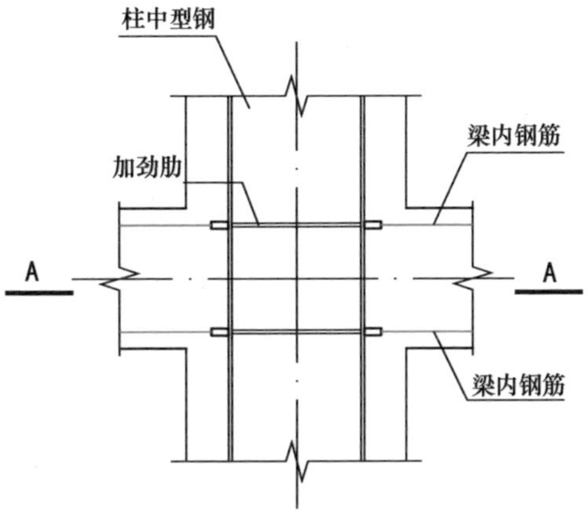

正确做法

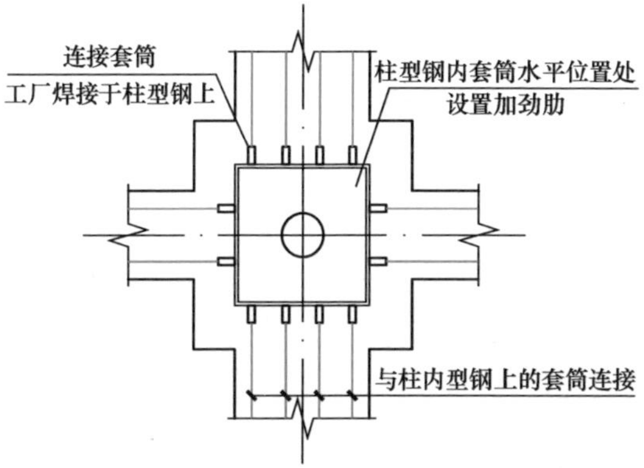

A-A
（正确做法）

【问题说明】

原设计将钢筋连接器贴焊于钢牛腿上翼缘底面做法不能保证钢筋受力的有效传递。

【问题解析】

原设计钢筋连接器与钢牛腿上翼缘底面通过水平焊缝连接，因连接器管壁较薄，可能因焊接高温影响产生变形，使钢筋与连接器连接困难，不能有效传递拉力。

正确做法为将钢筋连接器端部与钢柱壁通过组合焊缝等强连接，钢筋连接器与柱壁焊接时，应保证连接器的垂直度以保证传力的可靠。

结构类型
钢结构
问题分类
结构构造. 节点
页码
3.7-7

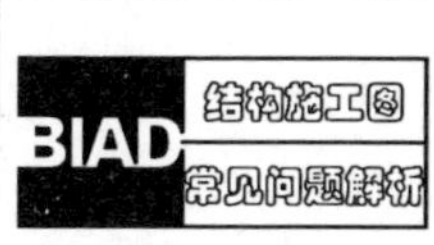

北京市建筑设计研究院有限公司
BEIJING INSTITUTE OF ARCHITECTURAL DESIGN

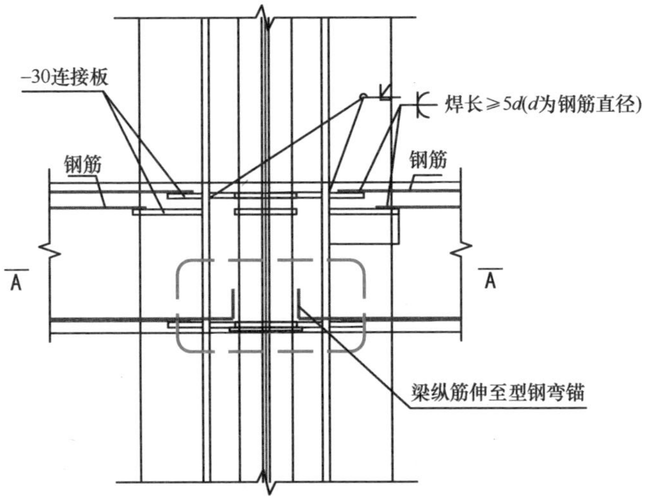

–30连接板

焊长≥5d(d为钢筋直径)

钢筋

钢筋

A

A

梁纵筋伸至型钢弯锚

错误做法

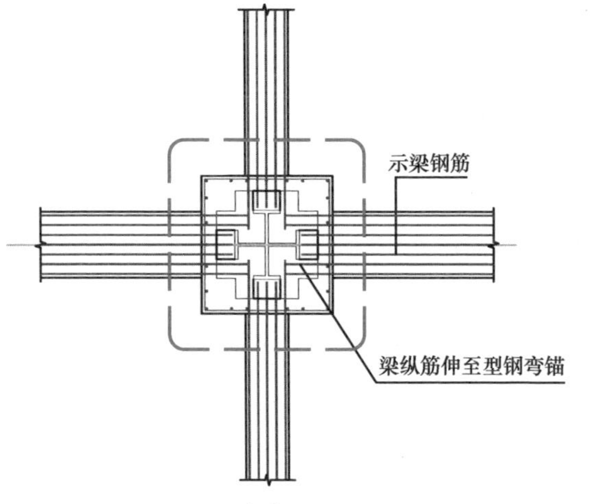

示梁钢筋

梁纵筋伸至型钢弯锚

A-A

(错误做法)

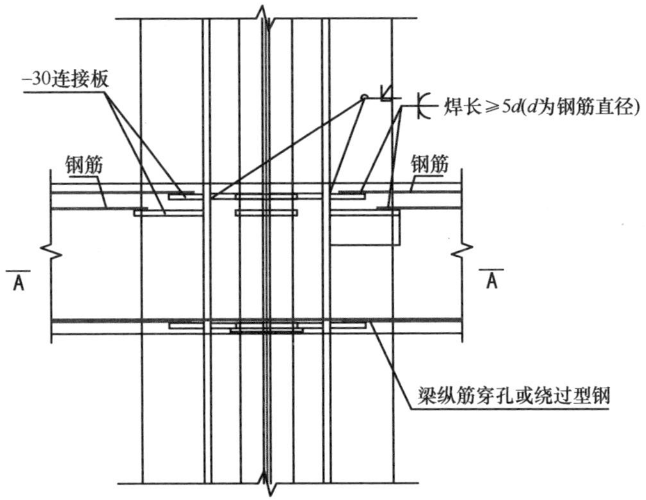

–30连接板

焊长≥5d(d为钢筋直径)

钢筋

钢筋

A

A

梁纵筋穿孔或绕过型钢

正确做法

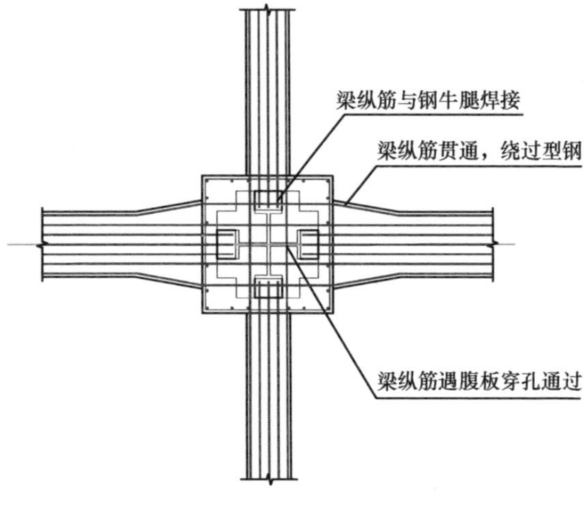

梁纵筋与钢牛腿焊接

梁纵筋贯通，绕过型钢

梁纵筋遇腹板穿孔通过

A-A

(正确做法)

【问题说明】

型钢混凝土节点中，梁的下部纵筋锚入型钢柱中水平段长度小于 $0.4l_{aE}$，不能满足锚固要求。

【问题解析】

原设计梁的下部纵筋锚入柱内的水平段长度小于 $0.4l_{aE}$，不满足规范要求，锚固强度和抗滑移刚度不足。

可靠的锚固做法为焊接在牛腿上，或腹板钻孔纵筋穿过梁柱节点，或下铁钢筋绕过钢骨锚固。

结构类型
钢结构
问题分类
结构构造. 节点
页码
3.7-8

北京市建筑设计研究院有限公司
BEIJING INSTITUTE OF ARCHITECTURAL DESIGN

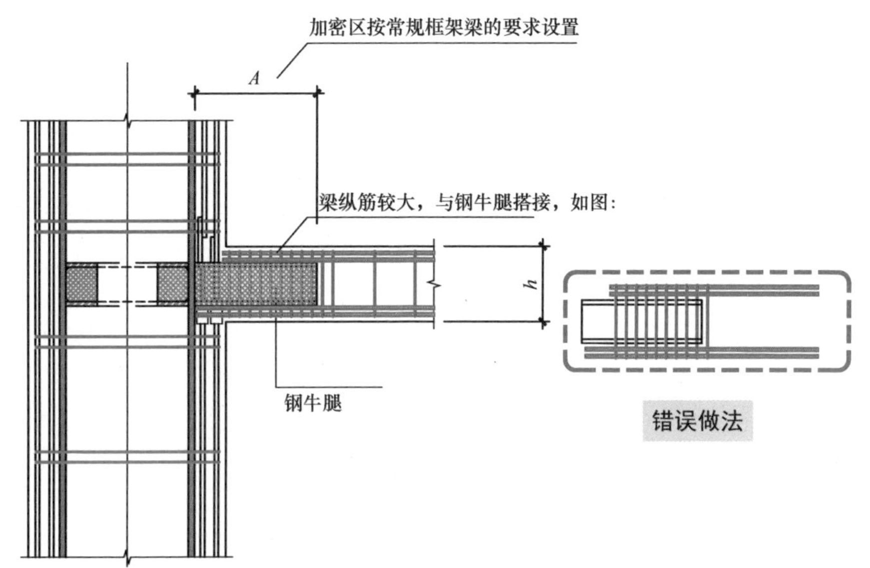

框架梁支座有钢牛腿时箍筋加密区长度

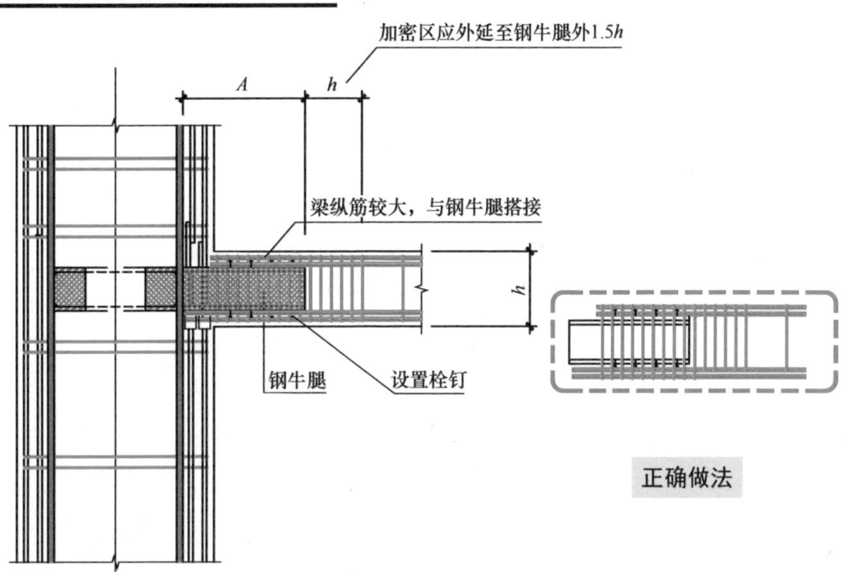

框架梁支座有钢牛腿时箍筋加密区长度

【问题说明】

1. 原设计钢筋混凝土梁端部纵筋与型钢柱伸出的钢牛腿进行搭接，未采取其他加强措施，传力性能较差。
2. 框架梁箍筋加密区长度按常规钢筋混凝土框架梁要求设置不符合规范要求。

【问题解析】

1. 图示连接位置为受力较大处，根据《混凝土结构设计规范》GB 50010—2010(2015年版)第8.4节规定，不宜采用原设计的搭接连接的做法，当无法避免时建议在钢牛腿上下翼缘增设栓钉，以加强钢筋与钢牛腿搭接传力性能。
2. 根据《组合结构设计规范》JGJ 138—2016第6.6.12.3条，因为设置钢牛腿后，梁端塑性铰出现位置将外移。所以梁端至牛腿端部以外1.5倍梁高范围均应箍筋加密。另应注意，应适当于钢牛腿的腹板穿孔设置水平拉筋，框架梁箍筋直径应不小于$\phi12$。

结构类型	
钢结构	
问题分类	
结构构造. 节点	
页码	
3.7-9	

北京市建筑设计研究院有限公司
BEIJING INSTITUTE OF ARCHITECTURAL DESIGN

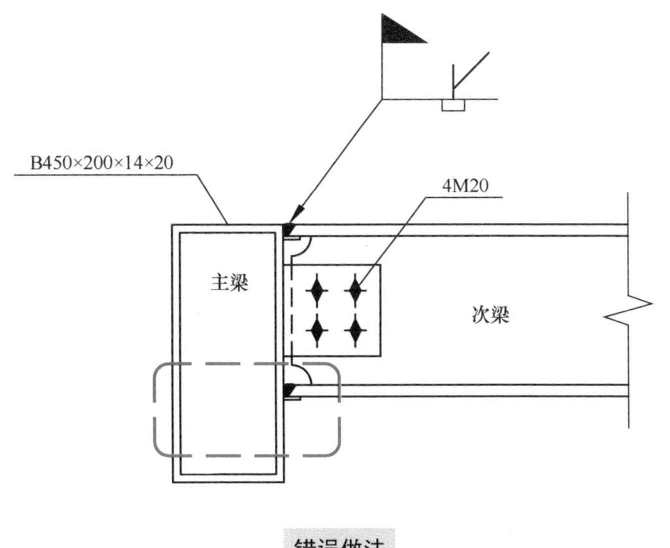

错误做法

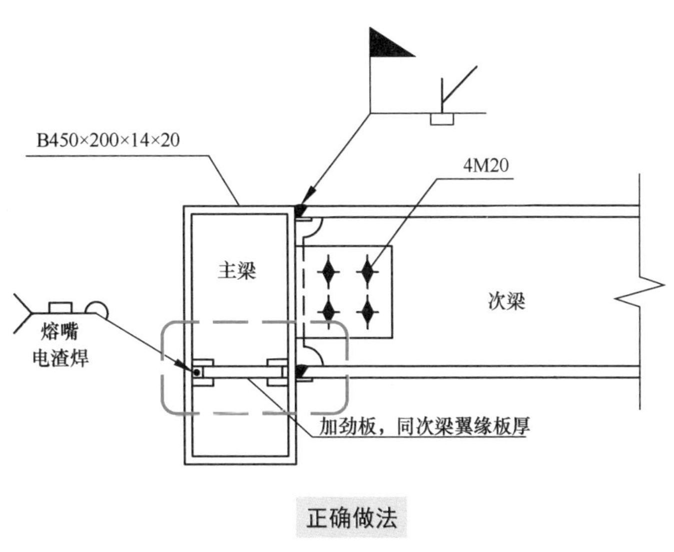

正确做法

【问题说明】

图示主次梁刚接节点处，在箱形主梁内对应次梁下翼缘的位置未设置加劲肋，不能满足受力有效传递。

【问题解析】

当按刚性连接设计时，在箱形主梁内对应次梁翼缘的位置应设置加劲肋，以保证传力的可靠性及主梁节点局部稳定性。

结构类型	
钢结构	
问题分类	
结构构造. 节点	
页码	
3.7-10	

北京市建筑设计研究院有限公司
BEIJING INSTITUTE OF ARCHITECTURAL DESIGN

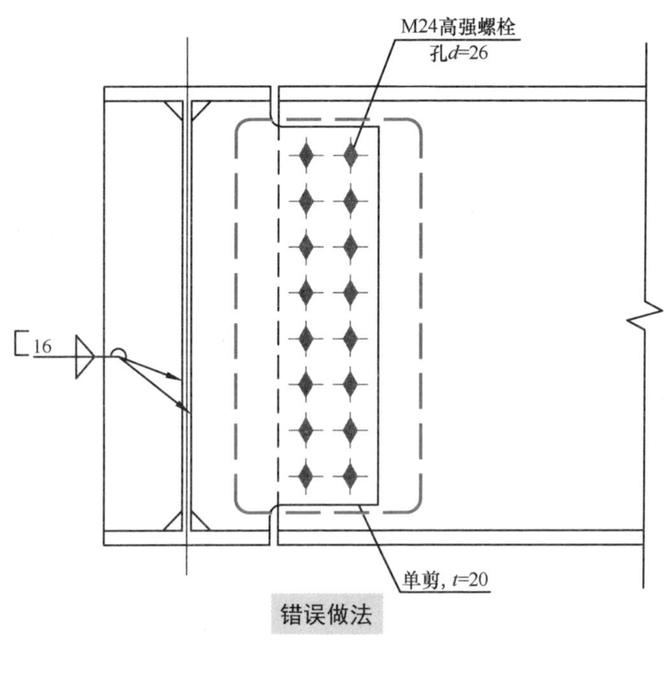

错误做法

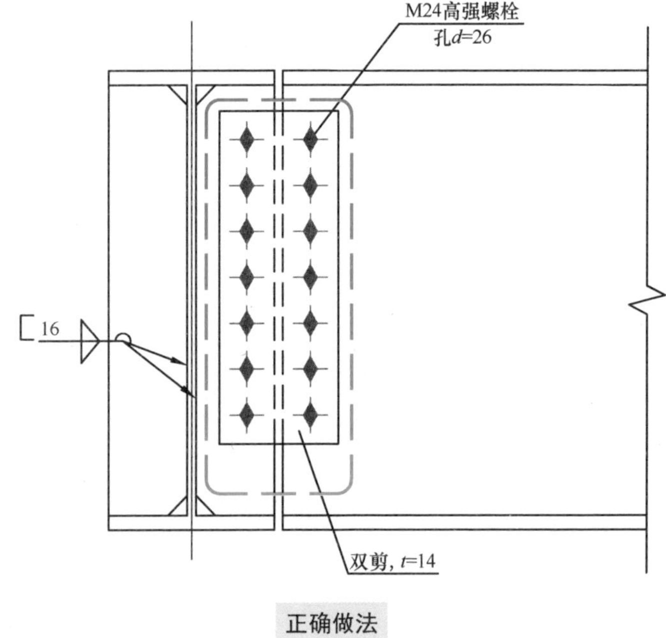

正确做法

【问题说明】

次梁与主梁铰接连接节点处螺栓排数过多，设计不合理。

【问题解析】

当次梁与主梁铰接节点处螺栓连接长度过大、排数过多时，螺栓受力状态将不均匀，端部螺栓受力较大，易首先破坏。建议采用双剪板连接，不仅减小附加偏心距的不利影响，也可有效减少螺栓数量。

结构类型	
钢结构	
问题分类	
结构构造. 节点	
页码	
3. 7-11	

北京市建筑设计研究院有限公司
BEIJING INSTITUTE OF ARCHITECTURAL DESIGN

M24高强螺栓

混凝土柱或墙

错误做法

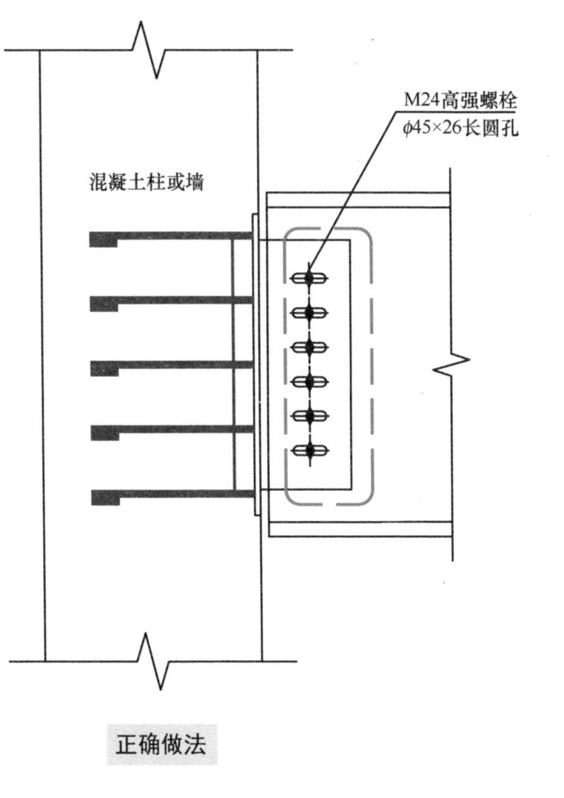

正确做法

【问题说明】

钢梁与混凝土墙、柱连接时，连接板螺栓孔宜采用长圆孔。

【问题解析】

考虑到混凝土结构施工误差，宜采用具有误差调节的连接节点形式，如于钢梁腹板上开长圆孔。此时连接节点的高强螺栓承载力设计值，应按照《钢结构设计标准》GB 50017—2017 第 11.4.2 条要求进行折减。

注意铰接节点计算螺栓时，应计入附加弯矩 $M=Ve$，其中 e 为螺栓群中心至主梁腹板的距离，并宜计入最大调整距离的影响。

结构类型 钢结构	
问题分类 结构构造. 节点	
页码 3. 7-12	北京市建筑设计研究院有限公司 BEIJING INSTITUTE OF ARCHITECTURAL DESIGN

一级焊缝：焊接H形、王形、十字形及双T形钢中成形焊（腹板与翼缘之间的全融透焊缝）柱内竖向加劲肋及外围无钢梁连接处的水平隔板、非节点区构造加劲肋、柱脚处加劲肋与底板及主体型钢的部分熔透焊缝。
所有角焊缝为二级焊缝。

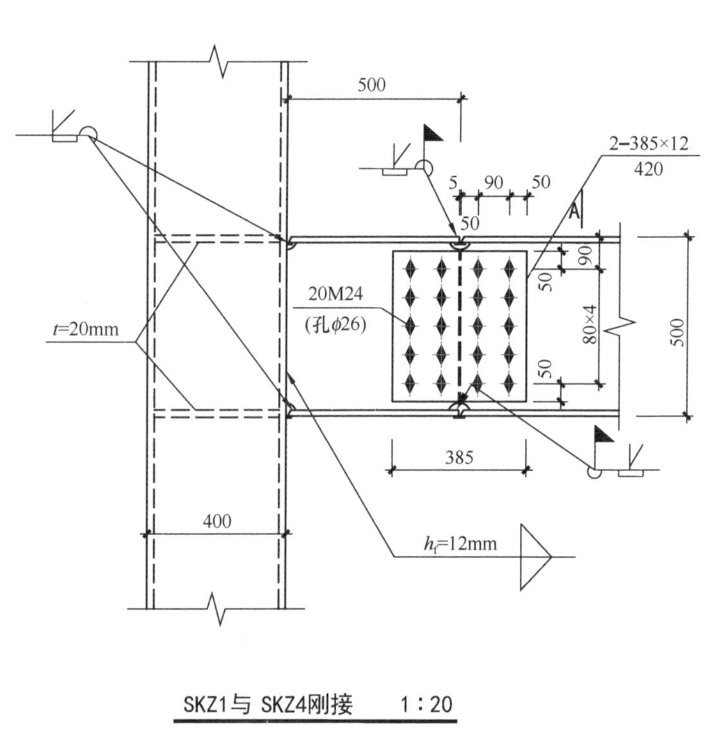

SKZ1与 SKZ4刚接　1：20

采用熔透焊，焊缝要求过高

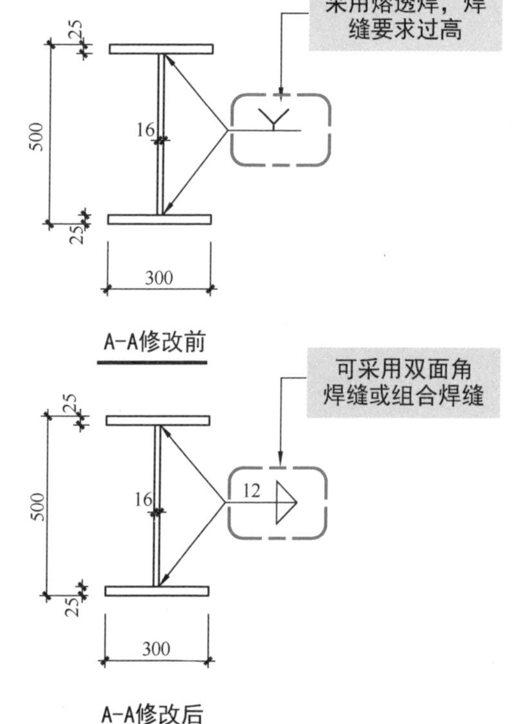

A-A修改前

可采用双面角焊缝或组合焊缝

A-A修改后

【问题说明】

原设计所有对接焊缝均要求为一级，角焊缝为二级偏严。

【问题解析】

《钢结构设计标准》GB 50017—2017中，对焊缝质量等级的选用有详细的规定。规范中除大跨度重级工作制吊车梁的下翼缘对接，以及大跨度钢桥的受拉构件的对接要求一级焊缝外，一般都要求二级。对于角焊缝除了要求熔透的情况，其质量等级一般都用三级。建议根据构件受力及焊接位置细化焊缝等级要求，减少现场探伤工作量。

在民用建筑钢结构设计中，焊缝的质量等级可按下述原则考虑：高层钢结构房屋、重要的多层钢结构房屋、大中型钢结构公用房屋在高烈度地震区的安全等级不低于二级的钢结构房屋，其梁柱现场安装连接的全熔透坡口对接焊缝的质量等级应为一级，角焊缝的质量等级为三级，但外观缺陷检查应符合二级标准的要求；上述钢结构房屋其他部位的焊缝，及上述钢结构房屋以外的钢结构房屋的焊缝，当为全熔透坡口对接焊缝时，其质量等级不应低于二级，当为角焊缝时，其质量等级为三级。

结构类型	
钢结构	
问题分类	
结构构造. 节点	
页码	
3. 7-13	

北京市建筑设计研究院有限公司
BEIJING INSTITUTE OF ARCHITECTURAL DESIGN

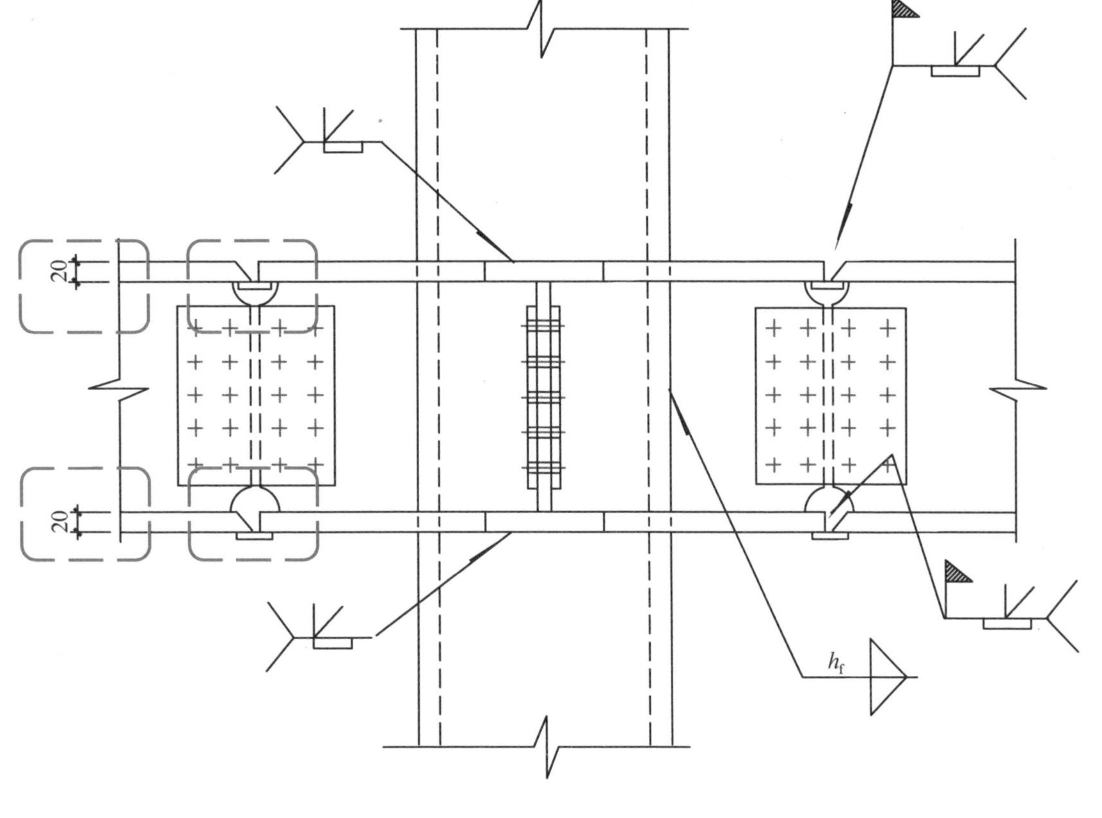

【问题说明】

梁翼缘板厚度 20mm，与牛腿翼缘板的对接焊缝采用单面剖口形式不利于焊接质量的控制。

【问题解析】

当钢板厚度＞16mm 时，现场对接焊缝宜采用双剖口对接焊缝，以减小现场焊接量，有利于控制焊接质量、减小焊接残余应力和变形。

结构类型	
钢结构	
问题分类	
结构构造. 节点	
页码	
3. 7-14	

结构计算

结构布置

结构构造

设计深度

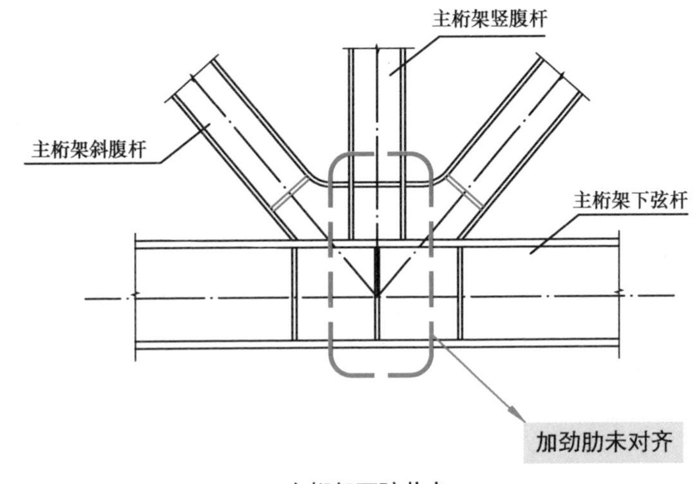

主桁架下弦节点

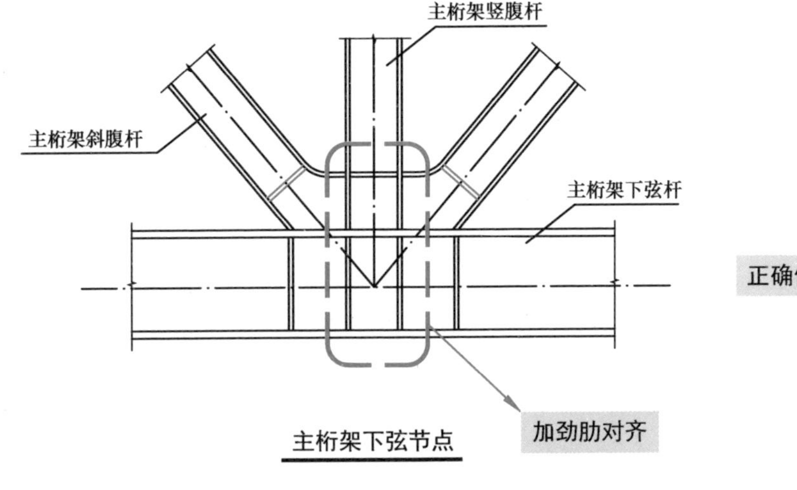

主桁架下弦节点

【问题说明】

主桁架竖腹杆与下弦杆连接节点，仅在下弦杆件对应竖腹杆轴线位置设置一道加劲肋，未对应竖腹杆的翼缘布置，传力不直接、不可靠。

【问题解析】

应对应竖腹杆翼缘位置布置竖向加劲板，以保证传力的连续性及可靠性，同时也有利于节点区域的局部稳定性。

结构类型	
钢结构	
问题分类	
结构构造. 节点	
页码	
3. 7-15	

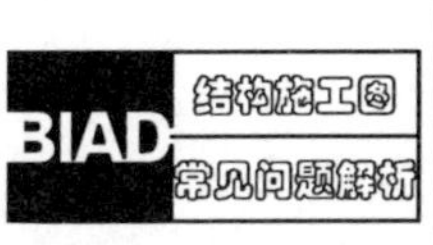

北京市建筑设计研究院有限公司
BEIJING INSTITUTE OF ARCHITECTURAL DESIGN

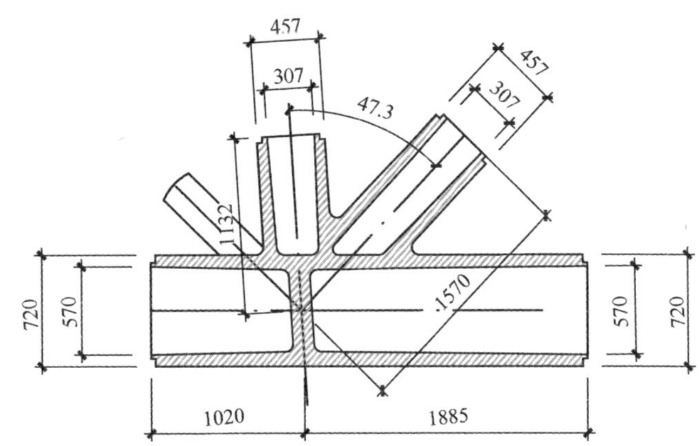

铸钢节点大样

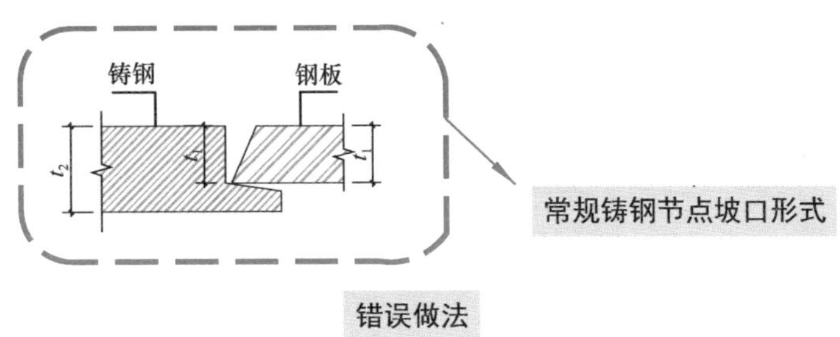

错误做法

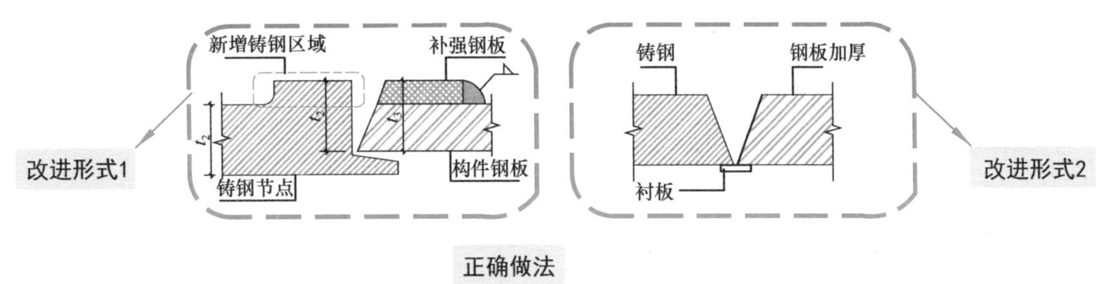

正确做法

【问题说明】

图示铸钢节点在拼接位置采用通常的企口形式，焊缝位置处的铸钢厚度 t_1 小于铸钢件壁厚 t_2（$t_1 < t_2$），无法满足等强设计要求。

【问题解析】

铸钢的强度较低，根据《铸钢节点应用技术规程》CECS 235—2008 第 3.2.1 条规定，强度最高的 G20Mn5QT 的抗拉、抗压和抗弯强度设计值也仅为 235MPa。因此当钢板的强度较高时，如采用 Q355、Q390、Q420 及以上强度等级的钢材时，铸钢与钢板组件拼接设计构造可采用以下 2 种措施达到等强要求：

1. 采用加垫板的改进铸钢节点坡口形式；
2. 连接的钢板厚度等同铸钢节点。

结构类型
钢结构
问题分类
结构构造. 节点
页码
3.7-16

北京市建筑设计研究院有限公司
BEIJING INSTITUTE OF ARCHITECTURAL DESIGN

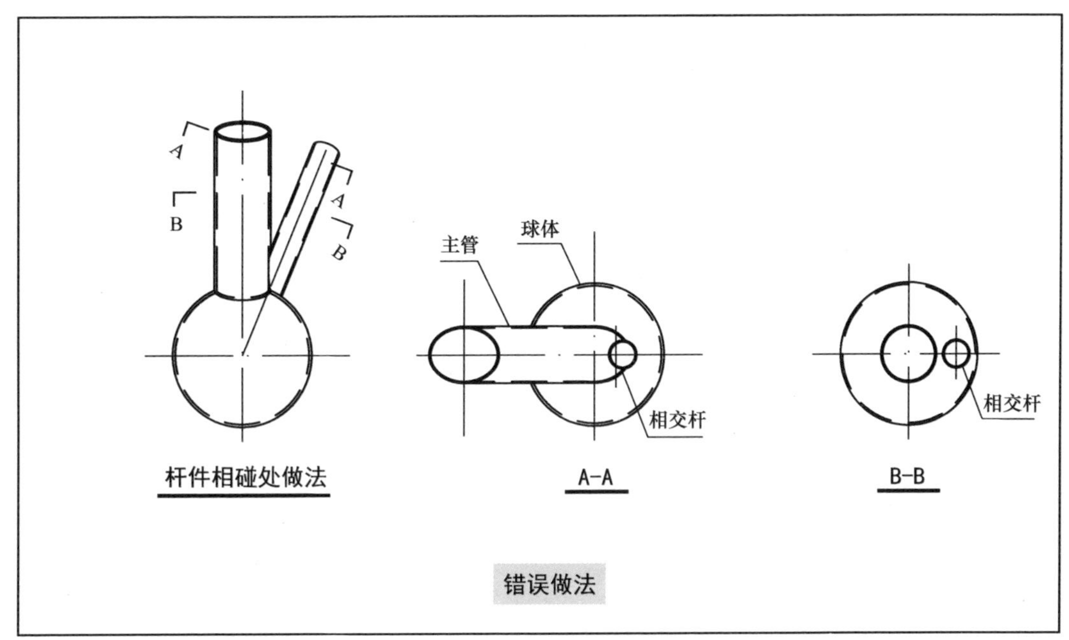

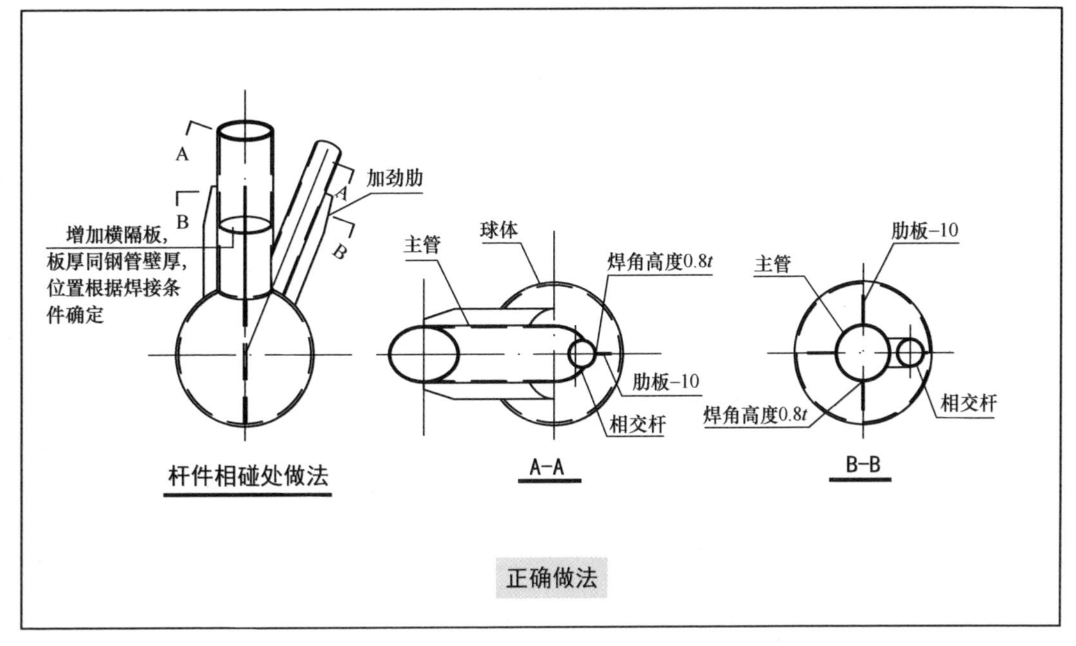

【问题说明】

网架结构焊接球节点处，杆件夹角过小导致相碰。设计未调整杆件夹角，或设置肋板等措施，存在安全隐患。

【问题解析】

由于较小杆件与焊接球相贯承载力的损失，须增加加劲肋进行补强，详见“正确做法”。

结构类型	
钢结构	
问题分类	
结构构造. 节点	
页码	
3.7-17	

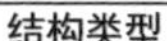

北京市建筑设计研究院有限公司
BEIJING INSTITUTE OF ARCHITECTURAL DESIGN

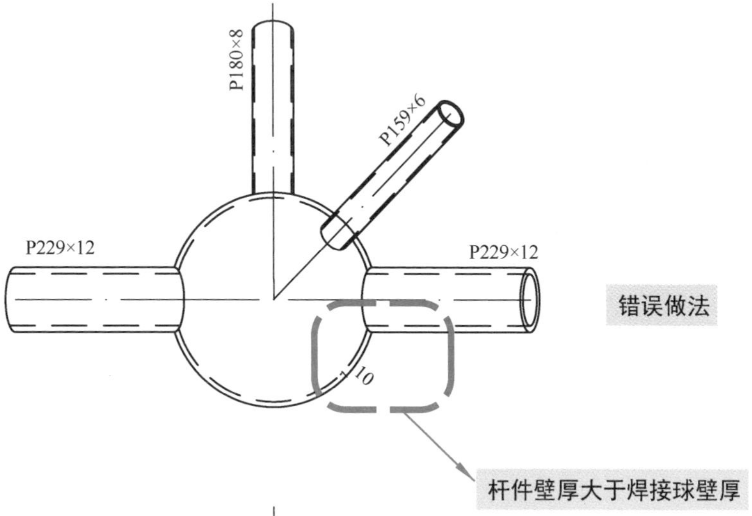

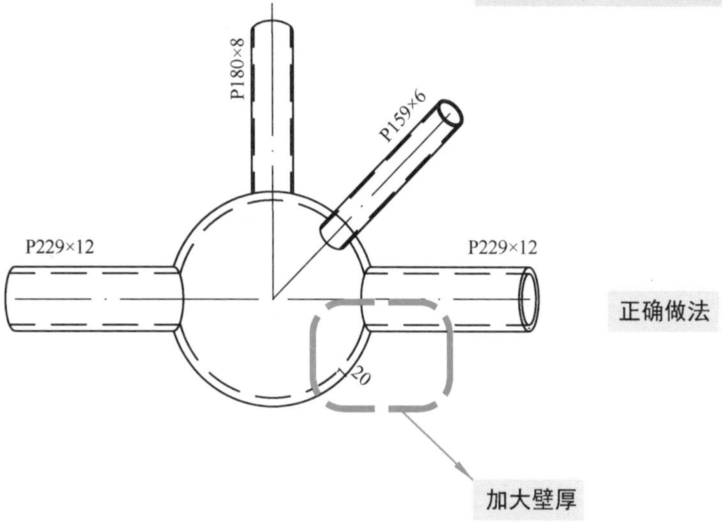

【问题说明】

空间网格结构中采用焊接球节点，选用焊接球时，其壁厚小于连接杆件的壁厚，不符合规范构造要求。

【问题解析】

根据《空间网格结构技术规程》JGJ 7—2010 第 5.2.5.1 条，空心球与主钢管的壁厚之比宜取 1.5～2.0。原设计空心球壁厚 10mm 小于下弦杆壁厚 12mm，不符合规范构造要求。

结构类型	
钢结构	
问题分类	
结构构造. 节点	
页码	
3.7-18	

北京市建筑设计研究院有限公司
BEIJING INSTITUTE OF ARCHITECTURAL DESIGN

4 设 计 深 度

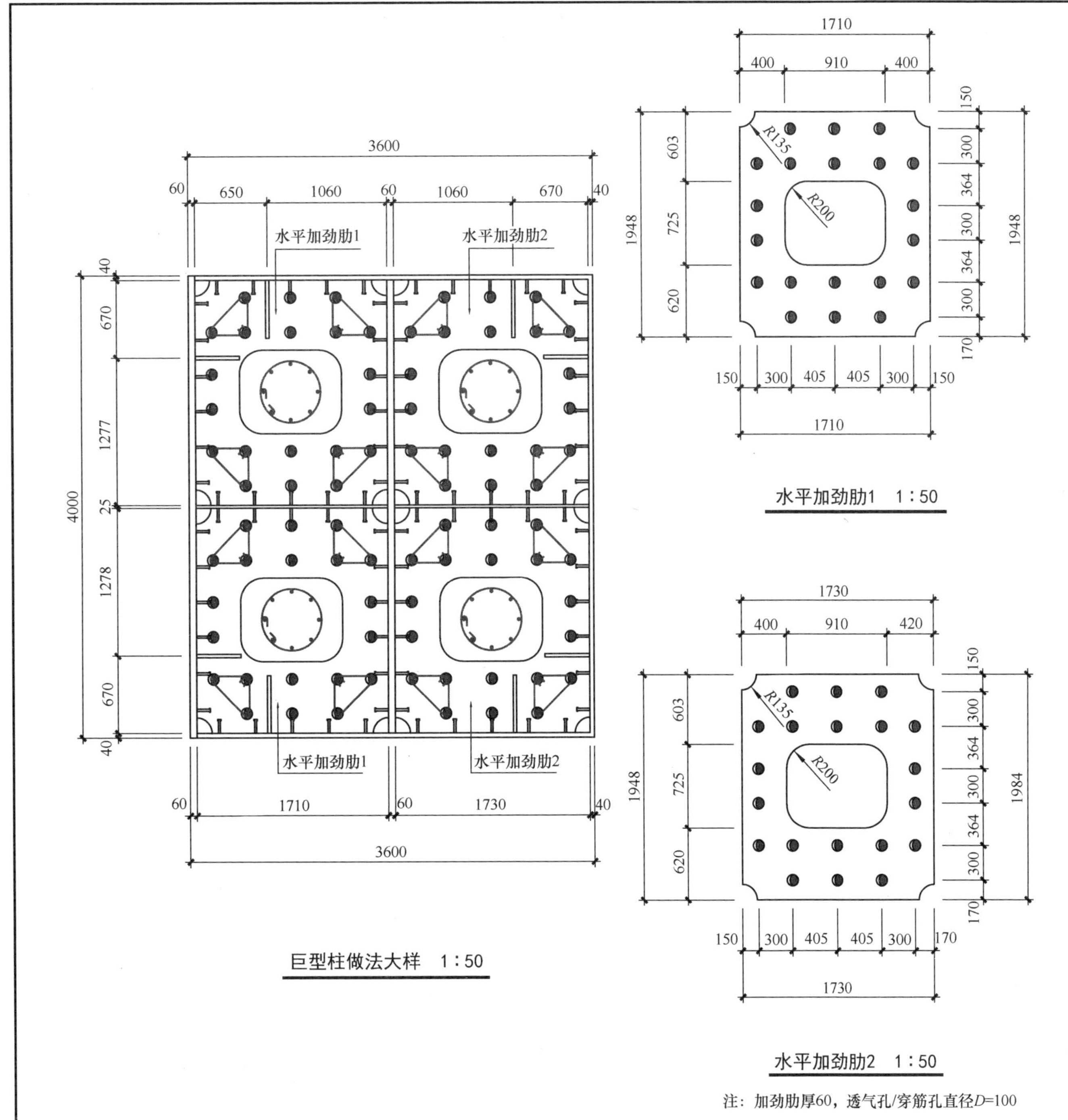

巨型柱做法大样　1∶50

水平加劲肋1　1∶50

水平加劲肋2　1∶50

注：加劲肋厚60，透气孔/穿筋孔直径D=100

【问题说明】

图示施工图的大样及总说明中均遗漏节点板件间连接的焊接要求。

【问题解析】

焊缝是钢结构焊接构件设计的关键要素，为确保其满足要求，在钢结构设计施工图和总说明中应明确下列焊接技术要求：

1. 构件采用钢材的牌号和焊接材料的型号、性能要求及相应的国家现行标准；
2. 钢结构构件相交节点的焊接部位、有效焊缝长度、焊脚尺寸、部分焊透焊缝的焊透深度；
3. 焊缝质量等级，有无损检测要求时应标明无损检测的方法和检查比例。

结构类型	
钢结构	
问题分类	
设计深度.柱	
页码	
4.1-1	

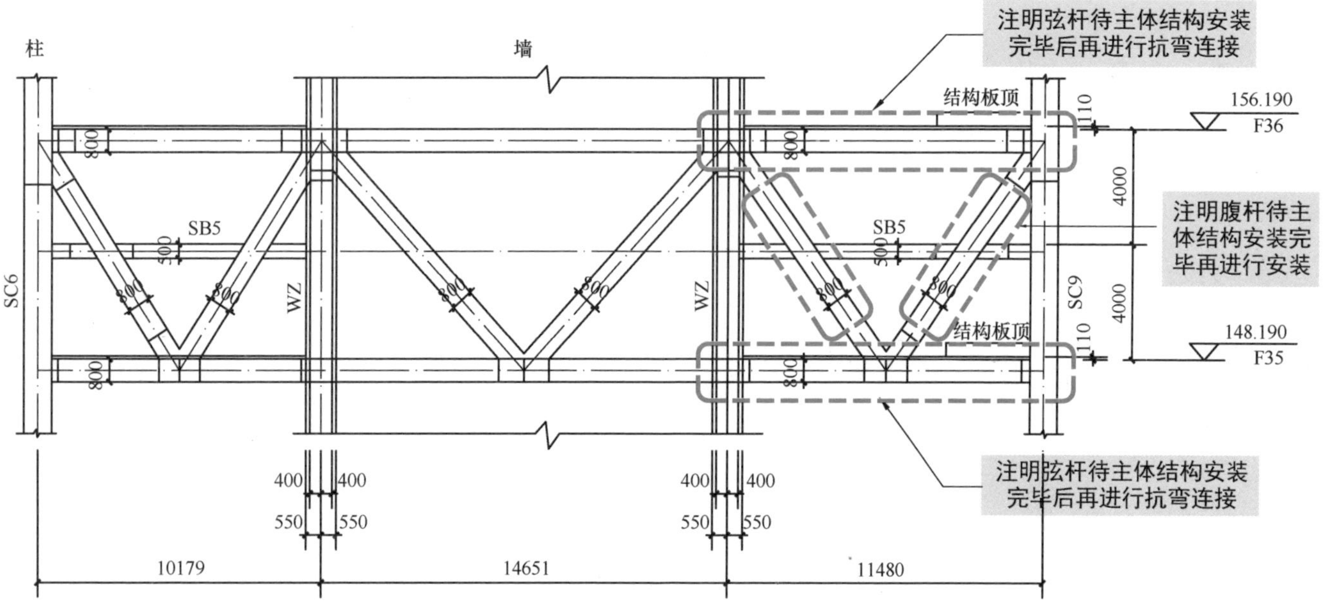

伸臂桁架35B展开图

1-C轴线

【问题说明】

原设计超高层伸臂桁架主要杆件的施工顺序、施工注意事项未注明。

【问题解析】

在外框柱与核心筒间设置的伸臂钢桁架(刚臂)竖向抗弯刚度大，核心筒与外柱的竖向变形差会使桁架杆件产生较大附加轴力，需要明确各杆件的施工顺序和连接做法，减小核心筒与外框柱因竖向变形差对伸臂桁架产生的不利影响。一般采取的措施包括：

1. 部分伸臂桁架腹杆在主体结构封顶后再行安装；
2. 伸臂桁架上下弦杆在施工阶段先仅进行抗剪(腹板)连接，待主体结构封顶后再进行抗弯(翼缘)连接；
3. 针对外框柱，需要根据重力荷载下各构件竖向变形计算结果，确定各层钢柱下料长度。

结构类型	
钢结构	
问题分类	
设计深度. 支撑	
页码	
4.2-1	

北京市建筑设计研究院有限公司
BEIJING INSTITUTE OF ARCHITECTURAL DESIGN

【问题说明】

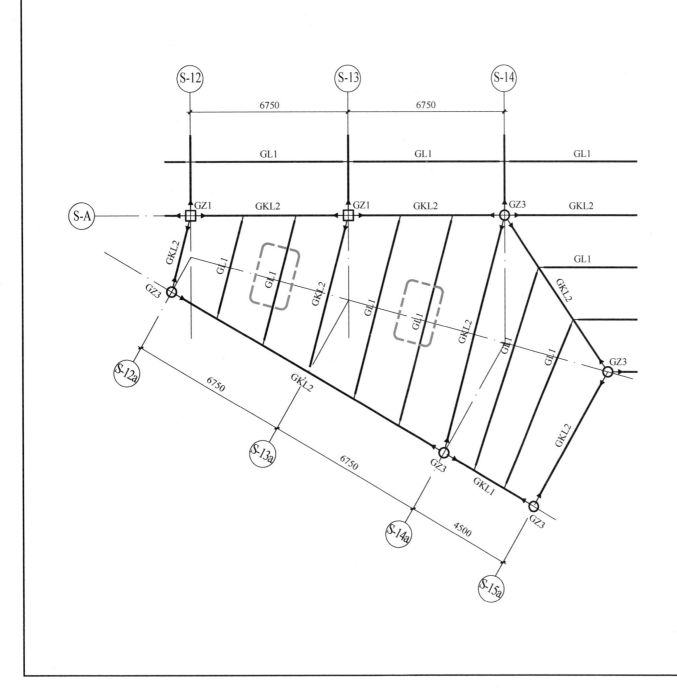

GL1 简支钢梁跨度差异大，按最不利受力设计截面偏于浪费。

【问题解析】

钢结构的构件规格应根据计算结果确定，根据受力情况适当归并，选用不同规格的构件以节省用钢量。

另应注意钢结构构件的规格也不宜过多，以减少构件制作、采购成本。

结构类型	
钢结构	
问题分类	
设计深度. 梁	
页码	
4. 3-1	

北京市建筑设计研究院有限公司
BEIJING INSTITUTE OF ARCHITECTURAL DESIGN

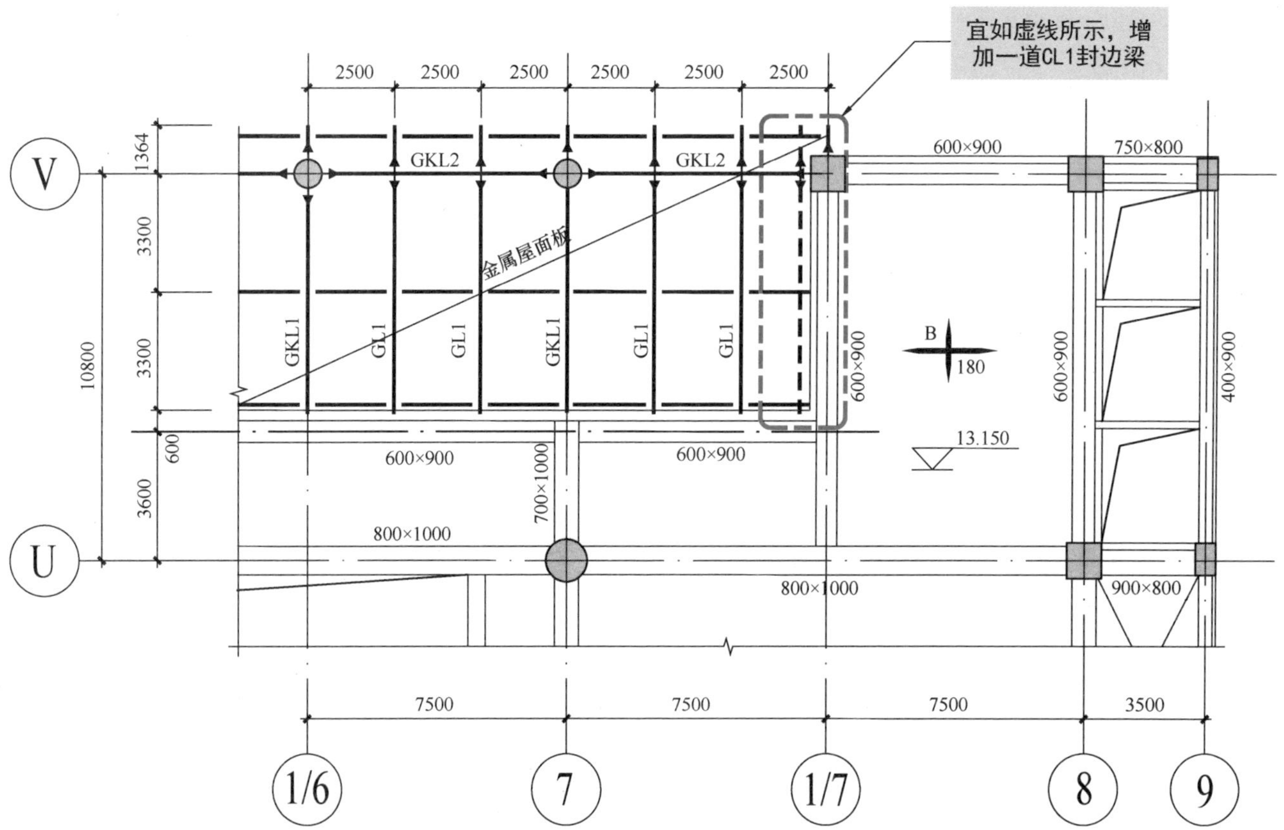

宜如虚线所示，增加一道CL1封边梁

金属屋面板

GKL2 GKL2

GKL1 GL1 GL1 GKL1 GL1 GL1

2500 2500 2500 2500 2500 2500

1364 3300 3300 600 3600 10800

600×900 750×800 600×900 600×900 400×900 600×900 600×900 700×1000 800×1000 800×1000 900×800

B 180 13.150

7500 7500 7500 3500

V U 1/6 7 1/7 8 9

【问题说明】

宜在金属屋面与混凝土屋面相接处布置钢边梁。

【问题解析】

金属屋面板一般通过檩条与主体钢结构连接。图中金属屋面板临近混凝土结构一侧，宜在主体钢结构边如虚线所示增加一道钢边梁，屋面板的檩条将不必再通过埋件与混凝土结构构件相连，简化了金属屋面板与主体结构的连接构造。

结构类型
钢结构
问题分类
设计深度. 梁
页码
4. 3-2

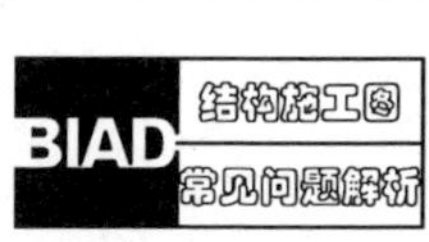

北京市建筑设计研究院有限公司
BEIJING INSTITUTE OF ARCHITECTURAL DESIGN

2.5 抗震等级：

楼号	楼层		抗震等级
1–02号	1	（加强层的框架柱、框架梁、支撑、伸臂桁架与腰桁架） 10层、32层、42层、53层	一级
	2	（加强层上下各一层的框架柱、框架梁、支撑） 9层、11层、31层、33层、41层、43层、52层、54层	
	3	其他层 （除1、2项以外的其他条件）	二级

3.3 钢材：

材料	楼层	适用范围
Q355B	《低合金高强度结构钢》 GB/T 1591–2018	较薄钢板（$t \leqslant 30$mm）
Q345GJC	《建筑结构用钢板》 GB/T 19879–2015	中厚钢板（$t<30$mm）
Q390GJC	《建筑结构用钢板》 GB/T 19879–2015	中厚钢板（$t \leqslant 50$mm）
Q390GJD	《建筑结构用钢板》 GB/T 19879–2015	厚钢板（$t>50$mm）

塔楼圆钢管混凝土框架柱表

编号	楼层	截面尺寸（$D \times t$）	材料	材料
	1	1500×50	Q390GJ+C60	圆钢管混凝土
	2～4	1500×50	Q355+C60	圆钢管混凝土
	5～14	1500×32	Q355+C60	圆钢管混凝土
	15～26	1400×28	Q355+C60	圆钢管混凝土
	27～30	1300×25	Q355+C60	圆钢管混凝土

【问题说明】

抗震等级为二级及以上的高层民用建筑钢结构，框架梁、柱和抗侧力支撑等主要抗侧力构件钢材的质量等级为B级不符合规范规定。

【问题解析】

对抗震结构主要考虑地震具有强烈交变作用的特点，会引起结构构件的高应变低周疲劳，为保证构件具有应有的韧性性能，因此抗震等级为二级及以上的高层民用建筑钢结构，其框架梁、柱和抗侧力支撑等主要抗侧力构件钢材的质量等级不宜低于C级，此条在《高层民用建筑钢结构技术规程》JGJ 99—2015 第 4.1.2.4 条有明确要求。

结构计算

结构布置

结构构造

设计深度

5. 抗剪栓钉

本工程所用的栓钉，其钢材牌号为Q235B，经冷加工制作而成，质量标准应符合《电弧螺柱焊用圆柱头焊钉》GB/T 10433—2002中的规定，栓钉的屈服强度为240N/mm²最小极限抗拉强度为400N/mm²，抗拉强度设计值为215N/mm²。

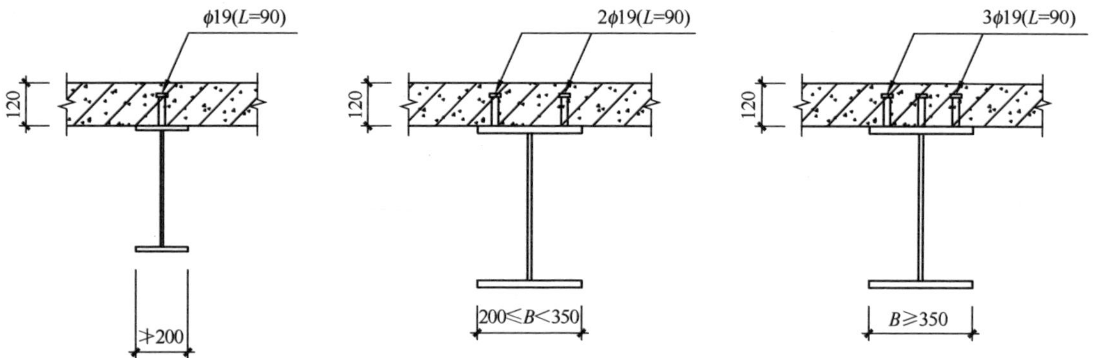

组合楼板梁顶栓钉做法示意图

注：栓钉在垂直楼承板铺板方向每肋中设置一组
平行楼承板铺板方向每组间距不大于250mm

【问题说明】

1. 栓钉材质 Q235B 错误。
2. 栓钉的机械性能要求错误。

【问题解析】

1. 根据规范《电弧螺柱焊用圆柱头焊钉》GB/T 10433—2002，栓钉材质为ML15、ML15AL。
2. 根据规范《电弧螺柱焊用圆柱头焊钉》GB/T 10433—2002，栓钉的机械性能为：屈服强度不小于 320N/mm²，抗拉强度不小于 400N/mm²，伸长率不小于 14%。

结构类型	
钢结构	
问题分类	
设计深度. 材料性能	
页码	
4. 4-2	

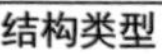

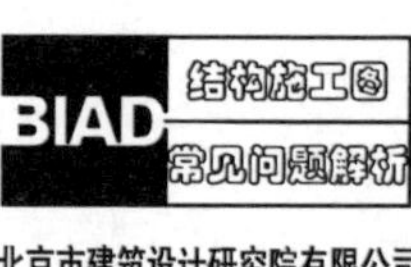

北京市建筑设计研究院有限公司
BEIJING INSTITUTE OF ARCHITECTURAL DESIGN

1.2 钢板、锚栓采用Q355B级钢材，其化学成分和力学性能应符合《低合金高强度结构钢》GB 1591—2018的规定。

1.3 厚度≥40mm的钢板，应符合国家标准《厚度方向性能钢板》GB/T 5313—2010中关于Z向性能断面收缩指标和含硫量不超过0.01%的要求。

1.4 所有钢材的屈服强度与抗拉强度的比值不应大于0.85，应有明显的屈服台阶，且伸长率不应小于20%，所有钢材有良好的焊接性和合格的冲击韧性。

应按下文修改

1.4 钢材的屈服强度实测值与抗拉强度实测值的比值不应大于0.85，应有明显的屈服台阶，且伸长率不应小于20%，钢材有良好的焊接性和合格的冲击韧性。

【问题说明】

钢材的屈服强度与抗拉强度的比值定义不明确，应为实测值的比值。

【问题解析】

“屈强比”的准确表达应该为屈服强度实测值与抗拉强度实测值的比值，详见《建筑抗震设计规范》GB 50011—2010(2016 年版)第 3.9.2 条要求。

结构类型	
钢结构	
问题分类	
设计深度. 材料性能	
页码	
4. 4-3	

北京市建筑设计研究院有限公司
BEIJING INSTITUTE OF ARCHITECTURAL DESIGN

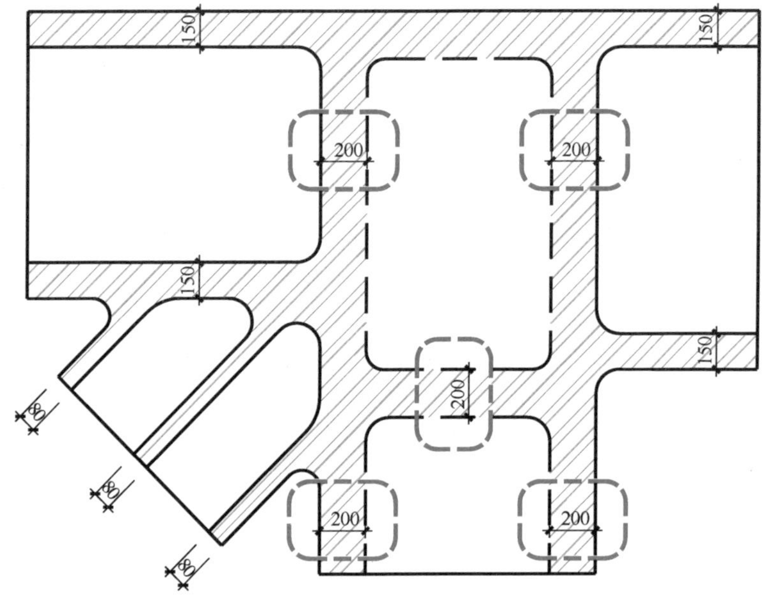

主桁架端部铸钢节点大样

【问题说明】

图中铸钢节点壁厚局部大于150mm，原设计未要求材性试验。

【问题解析】

《铸钢节点应用技术规程》CECS 235—2008中第3.2.1条及表A.1.2-2，给出厚度在100mm以下的强度指标，对于100mm以上的铸钢强度没有给出。第3.1.6条规定，对于100～150mm之间厚度的铸钢强度指标可不折减。对于150mm以上厚度的铸钢节点，由于铸件较厚，铸造时表面与芯部冷却速度差异较大，导致芯部结晶组织与力学性能明显差别于表面部分，即表现为芯部的强度、伸长率及冲击功相较表面出现明显下降。因此对于150mm以上铸钢节点的强度指标及节点性能，建议进行材性试验。

结构类型	
钢结构	
问题分类	
设计深度. 材料性能	
页码	
4.4-4	

北京市建筑设计研究院有限公司
BEIJING INSTITUTE OF ARCHITECTURAL DESIGN

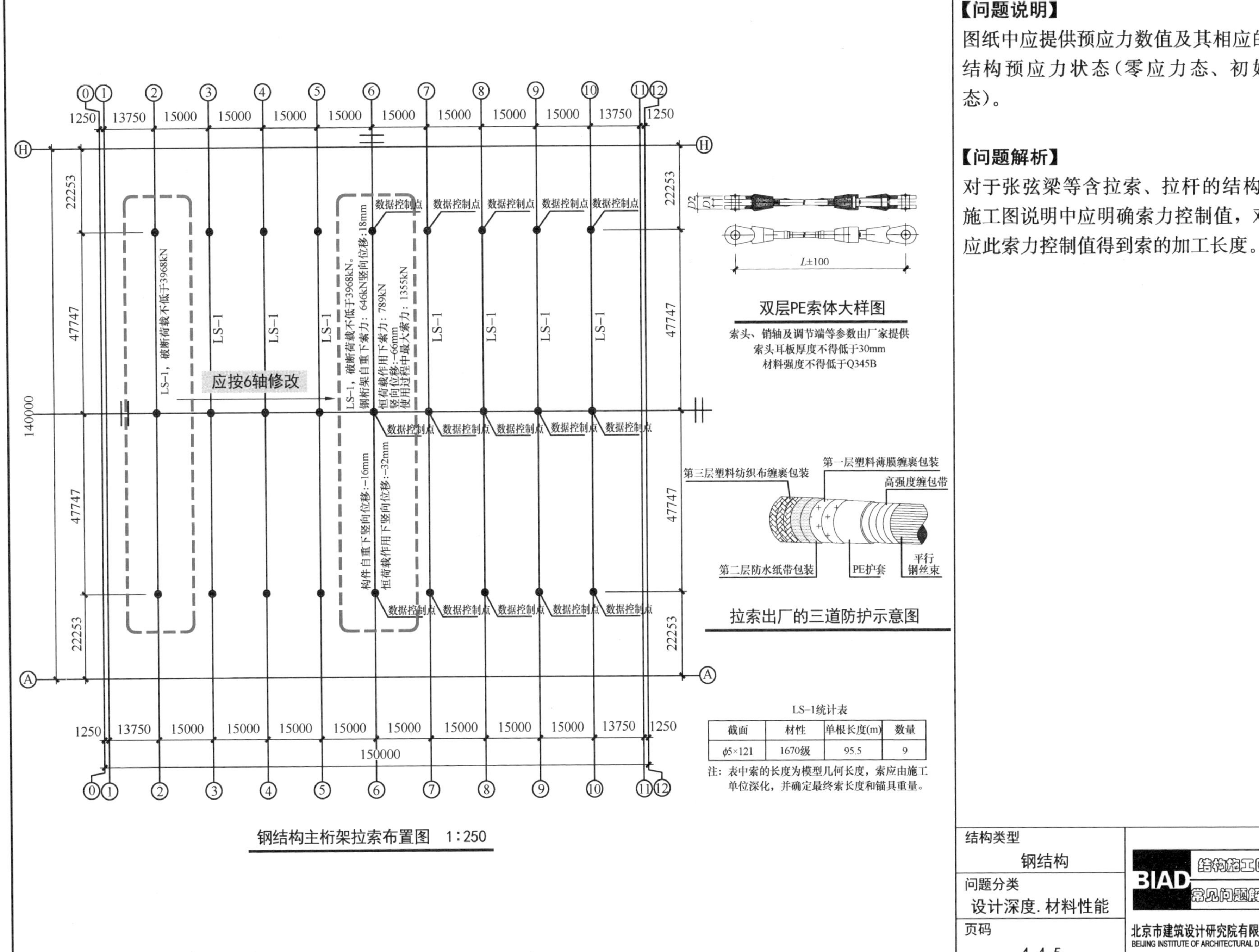

LS-1统计表

截面	材性	单根长度(m)	数量
$\phi5\times121$	1670级	95.5	9

注：表中索的长度为模型几何长度，索应由施工单位深化，并确定最终索长度和锚具重量。

钢结构主桁架拉索布置图　1：250

【问题说明】

图纸中应提供预应力数值及其相应的结构预应力状态（零应力态、初始态）。

【问题解析】

对于张弦梁等含拉索、拉杆的结构，施工图说明中应明确索力控制值，对应此索力控制值得到索的加工长度。

结构类型
钢结构
问题分类
设计深度．材料性能
页码
4.4-5

BIAD 结构施工图 常见问题解析
北京市建筑设计研究院有限公司
BEIJING INSTITUTE OF ARCHITECTURAL DESIGN

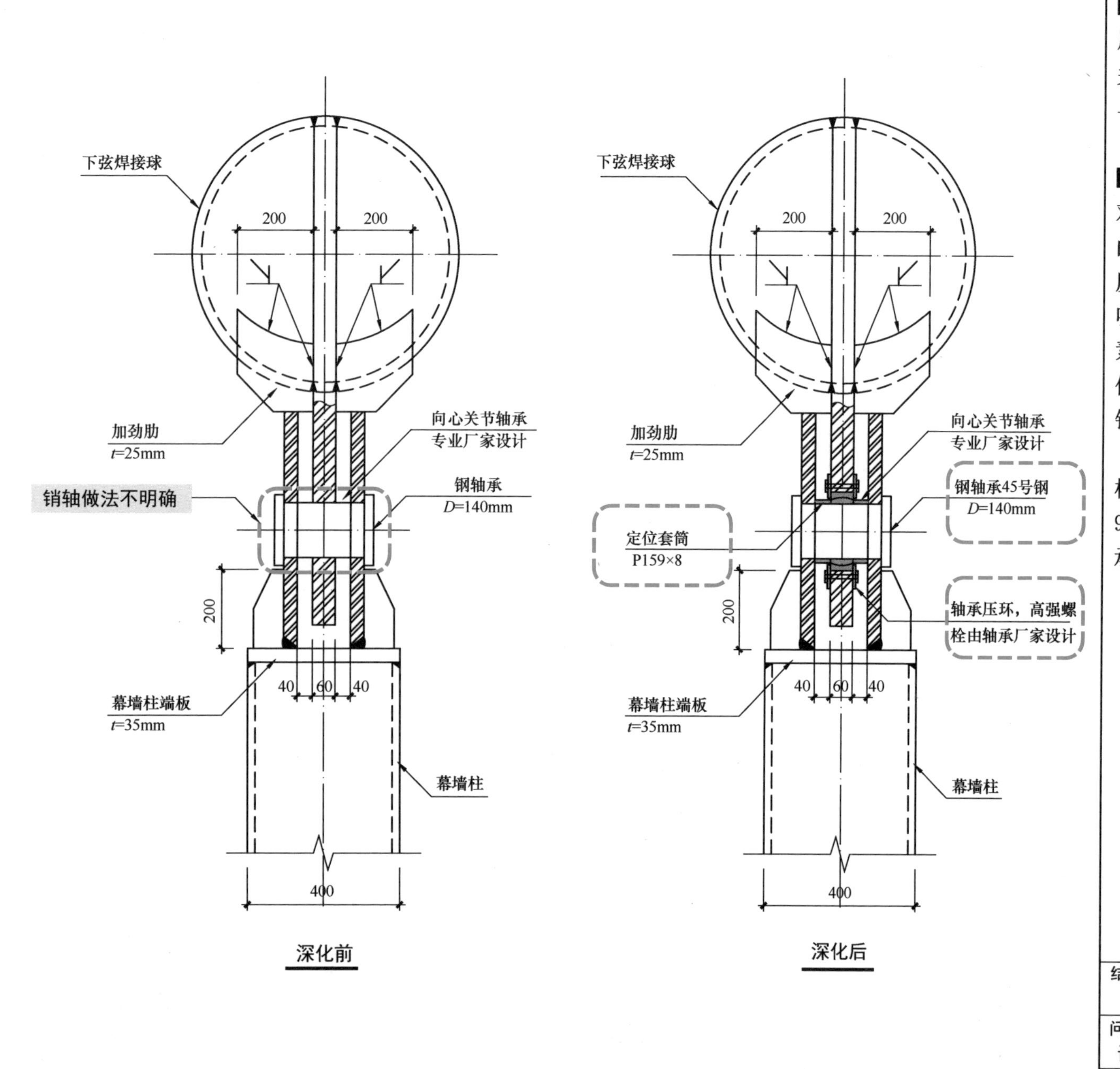

【问题说明】

原设计没有明确销轴所用 45 号钢、关节轴承的材质性能要求；缺少销轴与关节轴承的配合精度要求。

【问题解析】

对于销轴所采用碳钢材质如 45 号钢的性能要求包含抗拉强度、屈服强度、断后伸长率、断面伸缩率、冲击吸收功、布氏硬度，可根据《优质碳素结构钢》GB/T 699—2015 确定，其他合金钢的性能要求根据《合金结构钢》GB/T 3077—2015 确定。

关节轴承与销轴的配合精度要求可根据《关节轴承推力关节轴承》GB/T 9162—2001 和《关节轴承向心关节轴承》GB/T 9163—2001 确定。

结构类型	
钢结构	
问题分类	
设计深度. 材料性能	
页码	
4.4-6	

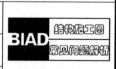

BIAD 结构施工图常见问题解析
北京市建筑设计研究院有限公司
BEIJING INSTITUTE OF ARCHITECTURAL DESIGN

六、钢结构的加工制作与安装

（一）本工程钢结构柱采用直缝焊接钢管，其加工初始缺陷及容许误差应满足下图要求；

（二）钢材送加工厂时必须具有生产厂家出具的合格证，加工厂亦需做材料的力学性能和几何尺寸的复验，确认合格后方能验收，厚度大于等于40mm以上钢板要求每张检验，检验的具体内容根据《建筑结构用钢板》GB/T 19879-2015中的检验规则要求进行。

应按下文修改

（二）本工程钢管采用直缝焊接钢管，质量等级参照《直缝电焊钢管》GB13793-2016的普通精度要求确定。对所有焊接成品钢管应按照《钢及钢产品力学性能试验取样位置及试样制备》GB/T 2975-2018要求，选取钢管环向和纵向两个方向的试样进行力学性能试验，两个方向的力学指标均应满足以下要求：钢材的抗拉强度实测值与屈服强度实测值的比值不应小于1.2，钢材伸长率不小于20%；常温冲击功不小于34J;钢材强度设计值不能低于原材料的设计值。以上参数均需提供试验报告。

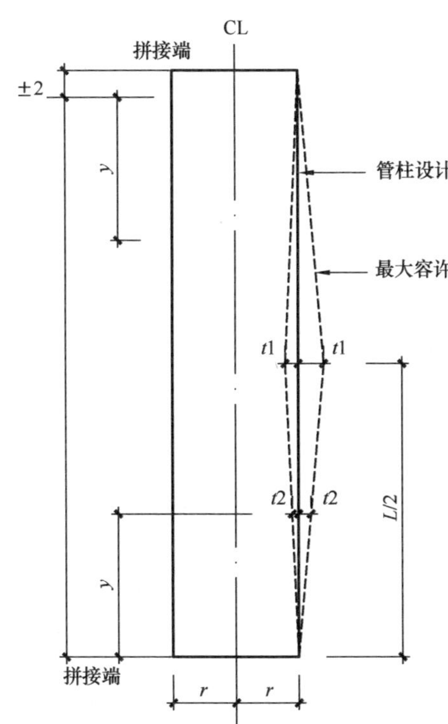

钢管柱柱段容许误差

拼接端：半径r的容许误差min(r/500,1.5mm)
$t1$=min(L/2000, 3mm)容许误差
$t2$=min(y/1250, 3mm)
每一柱段长度L误差＝±2mm

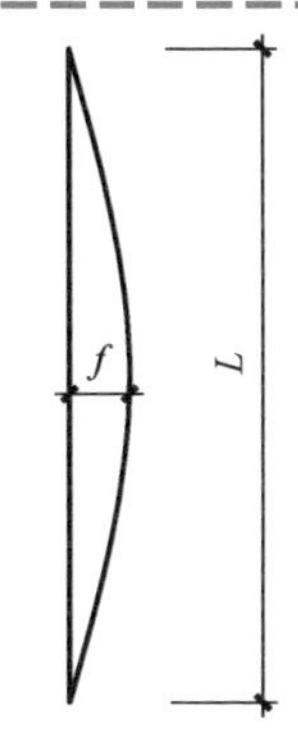

构件长度及纵向弯曲容许误差

构件组装完成后：
纵向弯曲变形f≤min(L/1500,5mm)
构件长度L允许偏差3mm

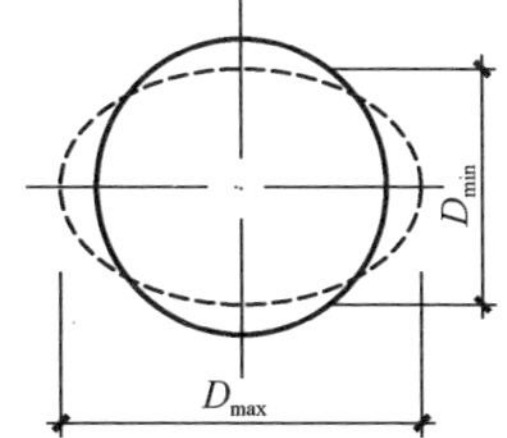

椭圆变形容许误差

机械加工的环向加劲肋拼接端的最大容许椭圆变形为min(d/500,2mm)
直径d允许偏差为min(d/500, 2mm)
在两环向加劲肋之间的中点处
D_{max}/D_{min}不应大于1.007

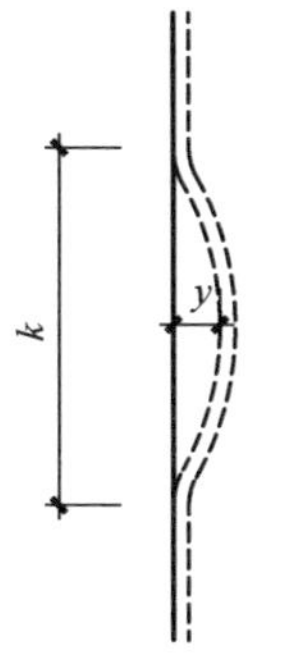

局部容许凹陷（竖向）

y MAX=0.003 k
k MAX=局部凹陷中心处圆周长的10%

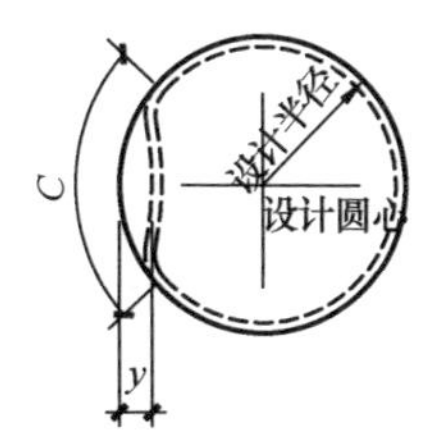

局部容许凹陷（水平向）

y MAX=0.003 C
C MAX=10%圆周长
在任意25m²的范围之内不应有多于一处的局部凹陷

【问题说明】

钢管的力学性能的检测不能依据钢板规范规定，应按照钢管相应规范要求执行。

【问题解析】

无缝钢管其质量等级应参照《结构用无缝钢管》GB/T 8162—2018 中的要求。直缝焊管其质量等级应参照《直缝电焊钢管》GB/T 13793—2016 的普通精度要求。对所有焊接成品管和锥管的力学性能进行试验。试验时按照《钢及钢产品力学性能试验取样位置及试样制备》GB/T 2975—2018 选取钢管环向和纵向两个方向的试样进行力学性能试验，检验批按照相关规定确定每批试样数均不得小于 3 个。两个方向的力学指标均应满足以下要求：钢材抗拉强度实测值与屈服强度实测值的比值不应小于 1.2；钢材伸长率不小于 20%；常温冲击功不小于 34J；钢材强度设计值不能低于原材料的设计值。以上参数均需提供试验报告。如无法进行试验验证以上性能指标或性能指标不能满足以上要求时，则应采用无缝钢管或热弯成型钢管。试验应由有资质的实验室完成。

结构类型	
钢结构	
问题分类	
设计深度. 材料性能	
页码	
4.4-7	

北京市建筑设计研究院有限公司
BEIJING INSTITUTE OF ARCHITECTURAL DESIGN

结构计算

结构布置

结构构造

设计深度

六、涂装材料

	材料	涂装要求
底漆	环氧富锌底漆	干膜厚度75μm，用于工厂涂装
中间漆	环氧中间漆	干膜厚度100μm，用于工厂涂装
面漆	聚硅氧烷面漆	干膜厚度50μm
防火涂料	/	详建筑专业设计说明

耐火极限见结构设计总说明 (3) (S0–E–03)；
底漆锌粉含量不能低于80% (wt)；
防腐涂料与防火涂料须相互匹配；
螺栓的表面处理应保证提供不低于结构各部分及各构件相应的涂层所达到的防腐要求；
以上防腐做法均需满足25年防腐年限的要求。

结合项目使用环境、防腐设计年限及防火要求等，对涂装做法加以细化

六、涂装做法

	办公楼（外露构件）		室外停车雨篷	
	名称	厚度（μm）	名称	厚度（μm）
底漆	环氧富锌底漆2遍	80	环氧富锌底漆2遍	80
中间漆	环氧云铁中间漆	120 (60)	环氧云铁中间漆	120
防火涂料	防火涂料（室外型）	耐火极限：钢柱3.0h，钢梁2.0h，钢楼梯1.5h	氟碳喷涂	≥40
（封闭漆）	环氧云铁封闭漆	(30)		
（面漆）	聚硅氧烷面漆	(60)		

注：表中括号内做法用于室外外露构件。

1. 本工程的防腐设计年限不小于15年，使用期间应定期有专业涂层检查工程师对涂层状况进行检测，发现锈蚀等缺陷应及时通知业主修补。当涂层需要大修是，涂层检查工程师应编写大修建议报告，指导涂层大修工作。油漆供应商应具有涂层终生检查、并提供维护指导的管理体系。
2. 富锌底漆体积固体含量不小于70%，中间漆体积固体含量不小于80%，封闭漆、面漆体积固体含量不小于50%；本工程所采用的必须有国家检测机构对其耐火性能认可的检测报告及生产许可证，并取得项目所在地消防部门认可；防腐涂料应与防火涂料相互兼容并有良好的附着性，超薄型及薄型防火涂料粘结强度不小于0.20MPa，厚涂型防火涂料粘结强度不小于0.05MPa，当涂层厚度t≥40mm，或其粘结强度小于0.05MPa及有振动影响的构件，在涂覆涂层时应先在构件表面设置拉结的钢丝网。
3. 梁柱采用厚涂型防火涂料，并优先选用低导热系数产品（等效热传导系数≤0.08W/(m·℃)）。外露构件应采用室外型防火涂料，室内厚涂型防火涂料宜采用石膏基防火涂料，涂层厚度根据耐火时限计算确定。楼梯采用膨胀超薄型防火涂料。
4. 与闭口形组合楼板直接接触的钢梁上翼缘表面经除锈处理后宜涂刷一遍底漆，其厚度不超过30μm。闭口形楼承板不做防腐、防火涂装。

【问题说明】

室内和室外防腐做法不加区分；有防腐和防火要求时，表述不规范；防腐使用年限内的日常维护要求，规定不清楚。

【问题解析】

由于室内环境类别和室外的环境类别不同，应分别给出防腐涂料的各涂层厚度。常见防腐涂层配套方案可依据《建筑钢结构防腐蚀技术规程》JGJ/T 251—2011 附录 B 确定。

当同时存在防腐和防火要求时，涂层组合建议从里往外分别为：底漆→中间漆→防火涂料→封闭漆→面漆，或底漆→防火涂料→封闭漆→面漆。在防腐使用年限内应根据定期检查和特殊检查情况，判断钢结构和其防腐是否处于正常状态。可依据《建筑钢结构防腐蚀技术规程》JGJ/T 251—2011 第七章要求在设计说明中规定如下：项目使用期间，应定期（如每 2 年，或应业主要求）由专业工程师对涂层状况进行检查，发现锈蚀等缺陷及时通知业主修补，涉及涂层大修的，应编写大修建议报告，指导大修工作。油漆供应商应具有涂层终生检查、并提供维护指导的管理体系。

结构类型	
钢结构	
问题分类	
设计深度. 材料性能	
页码	
4.4-8	

北京市建筑设计研究院有限公司
BEIJING INSTITUTE OF ARCHITECTURAL DESIGN